EPLAN Harness proD

官方教程

第2版

覃　政　吴爱国　文礼强　陈新忠　编著

机　械　工　业　出　版　社

EPLAN Harness proD 是一款全球领先的线束高效设计及文件编制的现代化三维线束/电缆布线设计软件，它最大的优势在于可以与 EPLAN 平台以及市面上主流的 MCAD 平台进行无缝数据衔接，且操作简单易用。

　　本书基于实际工程设计流程，着重介绍了如何使用 EPLAN Harness proD 软件，利用 MCAD 三维模型，实现高效且快速的三维线束/电缆布线设计，并自动创建用于生产制造的钉板图、电缆图纸以及工程报表的基本方法和相关技术。

　　本书是面向任务和过程的培训教程，运用具体的设计实例指导读者学习、体验和完成操作过程。本书案例具有工程指导意义，配套教学资料齐全，各章目标明确，适合企业工程设计人员、大专院校和职业技术院校相关专业师生。

图书在版编目（CIP）数据

EPLAN Harness proD官方教程 / 覃政等编著. — 2版. — 北京：机械工业出版社，2023. 1
ISBN 978-7-111-72136-9

Ⅰ.①E…　Ⅱ.①覃…　Ⅲ.①电气设备 – 计算机辅助设计 – 应用软件 – 教材　Ⅳ.①TM02-39

中国版本图书馆CIP数据核字（2022）第224997号

机械工业出版社（北京市百万庄大街22号　邮政编码100037）
策划编辑：刘琴琴　　　　　责任编辑：刘琴琴
责任校对：韩佳欣　王明欣　封面设计：王　旭
责任印制：常天培
北京机工印刷厂有限公司印刷
2023年2月第2版第1次印刷
169mm×239mm·28.25印张·470千字
标准号：ISBN 978-7-111-72136-9
定价：79.00 元

电话服务　　　　　　　　　网络服务
客服电话：010-88361066　机　工　官　网：www.cmpbook.com
　　　　　010-88379833　机　工　官　博：weibo.com/cmp1952
　　　　　010-68326294　金　书　网：www.golden-book.com
封底无防伪标均为盗版　机工教育服务网：www.cmpedu.com

序

  中国是工业制造大国，依托于政府的政策导向，在工业集群化发展的背景下，中国是唯一拥有联合国产业分类中所列全部工业门类的国家。中国工业增加值占 GDP 比重在过去十年中均保持在 40% 左右的份额。截至 2021 年，中国全部工业增加值达 37.3 万亿元人民币，占全球工业增加值的 25%。在此背景下，中国工业对于整体经济的影响将持续增长。中国也在从工业大国走向工业强国，作为可赋能传统工业或制造业数字化升级的智能制造正处于需求提升阶段，其重要性与必要性越发凸显。由工业和信息化部、国家发展和改革委员会等八个部门联合印发的《"十四五"智能制造发展规划》中明确指出，要加快系统创新，增强融合发展新动能，加强关键核心技术攻关并加速智能制造装备和系统的推广应用。到 2035 年，规模以上制造业企业将全面普及数字化。

  在这样的时代背景下，EPLAN 公司以"帮助客户成功"为基本出发点，针对性地提出基于 EPLAN Experience 的服务方法论。本套系列教程充分融入数字化的市场需求特性，从企业的 IT 架构、平台设置、标准规范、产品结构、设计方法、工作流程、过程整合、项目管理八个方面来诠释如何运用 EPLAN 确保企业项目成功实施。

  本套系列教程的创新点如下：

  首先，新版教程着眼于当下的时代背景，融入了基于数字化设计的智能制造特性。纵向上，新版教程的内容涉及工程项目规划、项目报价、系统概要设计、电气原理设计、液压和气动原理设计、三维元器件布局设计、三维空间布线设计、高质量工程文件的输出、生产加工文件的输出、工艺接线指导文件的输出、设备运维的操作指导等。横向上，新版教程可适用的范围包括电气设计工程师对软件操作方法的学习、研发部门对设计主数据的管理、企业标准化和模块化的基础战略规划、企业智能制造的数字化驱动、基于云的企业上下游工业数字化生态建设等。

　　其次，新版教程采用"项目导航"式学习方式代替以往的"入门培训"式学习方式，充分结合项目的执行场景提出软件的应对思路和解决措施。在风格上，新版教程所用截图将全面采用 EPLAN Ribbon 的界面风格，融入更多的现代化视觉感受。在形式上，新版教程都增加了大量的实战项目，读者可以跟随教程的执行步骤最终完成该项目，在实践中学习和领会 EPLAN 的设计方法以及跨学科、跨专业的协同。

　　再次，在内容上，除了包括大家耳熟能详的 EPLAN Electric P8、EPLAN Pro Panel、EPLAN Harness proD 三款产品之外，还增加了 EPLAN Preplanning 的教程内容，读者可学习 P&ID、仪器仪表、工程规划设计、楼宇自动化设计等多元素设计模式。在知识面上，读者将首次通过 EPLAN 的教程学习预规划设计、电气原理设计、机柜布局布线设计、设备线束设计、可视化生产和数字化运维的全方位数字化体系，充分体验 EPLAN 为制造型企业所带来的"数字化盛宴"。在设计协同上，读者不仅可以利用 EPLAN 的不同产品从不同视角实现跨专业、跨学科的数据交互，还可以体验基于 EPLAN 云平台技术实现跨地域、跨生态的数字化项目状态跟进和修订信息共享及管理，提升设计效率，增强项目生命周期管理能力。

　　取法乎上，仅得其中；取法乎中，仅得其下。EPLAN 一直以"引领高效工程设计，助力中国智能制造"为愿景，通过产品和服务助力企业的高效工程设计，实现智能制造。

　　本套系列教程是 EPLAN 中国专业服务团队智慧的结晶，所用的教学案例均源自于服务团队在为客户服务过程中所积累的知识库。为了更好地帮助读者学习，我们随教程以二维码链接的方式为读者提供学习所需的主数据文件、3D 模型、项目存档文件等。相信本套系列教程将会帮助广大读者更科学、更高效地学习 EPLAN，充分掌握数字化设计的技能，为自己的职业生涯增添厚重而有力的一笔！

易盼软件（上海）有限公司，大中华区总裁

前　言

　　线束，是当今电子化、信息化时代行业中发展较快、市场需求量大、安装方便的产品之一。从家用电器到通信设备、计算机及外部设备，以及安防、太阳能、飞机、汽车和军用仪器设备等均广泛采用了线束。

　　经过数十年的发展，我国线束行业从无到有、从小到大，已经具备了一定的规模，生产的线束产品能够满足市场绝大多数的需求。

　　目前国内的线束设计大多依赖于样机生产和手工操作这样的传统布线工艺。首先对完成的设备或样机进行预布线处理，把整套线束从设备或样机上完整地拆卸下来并进行局部拍照，在图片上编辑点位，对图片进行拼接处理，完成1∶1预布线图纸，然后利用CAD完成钉板图的设计。在进行小批量验证后，才能正式批量使用。这导致产品生产周期过长，不能及时交付，且质量得不到保证，浪费大量时间与开发成本。

　　随着信息化、网络化以及大数据时代的到来，电气工程及自动化系统正向计算机辅助工程（Computer Aided Engineer，CAE）快速迈进，线束的设计已不再受机械原型可用性的影响。

　　作为计算机自动工程电气设计时代新技术的先驱，EPLAN自1984年诞生以来，一直是为电气规划、过程设计、项目管理领域提供智能化软件解决方案和专业服务的全球标志性企业。EPLAN产品中不仅有领导全球市场、现已成为电气设计工业标准的CAE系统软件EPLAN Electric P8，其自主研发的EPLAN Harness proD更是作为一种专有、独立的易用解决方案，使设计人员可以高效且快速地创建3D线束、2D钉板图、2D电缆图纸和报表。EPLAN Harness proD为电缆和线束在2D/3D环境中的高效设计以及文件编制提供了一个技术领先的解决方案，使线束设计不受机械原型可用性的影响，直接使用3D MCAD模型可显著降低开发成本，同时通过缩短开发周期可节省开发成本。

　　线束工程的主要挑战是整合机械和电子平台的数据并保证数据的正确性和

一致性。在设计和制造时，这两个平台之间的沟通不足和缺乏数据交换会导致许多成本高昂并且非常耗时的错误，如没有足够的空间敷设电缆、设计制造过程中大量的重复工作以及错误的长度计算等。在 EPLAN Harness proD 的帮助下，设计人员可以智能地将这两个平台连接起来，从而提高数据的透明度和效率。这套系统的优势是易于使用、自动化的工作流程、正确的生产制造文档生成以及数据的可重复利用。

在当今的设计流程中，数据一致性的解决方案是非常重要的。EPLAN Harness proD 的设计规则检查保证了这种一致性。通过多种测试方法，如测试最小的线束弯曲半径、横截面（包括 AWG）、线束干涉以及线束直径和长度约束，设计规则检查使线束数据验证成为可能。

由于系统的开放性，在 EPLAN Harness proD 实现各种 MCAD 系统中的机械数据和 ECAD 系统中连接信息的转移变得快而且简单。同时，EPLAN Harness proD 的兼容性和灵活性使其能够与 PDM/PLM 系统实现无缝集成。EPLAN 平台上多个解决方案的内部互联是实现跨专业工程设计的基础。EPLAN Harness proD 能够轻松地融入现有的 IT 环境以及现有的 PDM/PLM 系统中。另外，与主流 MCAD 系统（如 NX、CATIA、Autodesk Inventor、SolidWorks、PTCCreo、Solid Edge) 的接口以及对中性数据文件 (如 IGES、STEP、JT 和 PARASOLID) 的完美支持，使 EPLAN Harness proD 能够与机械系统进行无缝数据交互。通过向各自的 MCAD 系统导出可配置的线束数据，双向的数据交换成为可能，而每个线缆或者线束、引导部件和连接器部件等线束数据被提供给接下来的流程步骤使用。电气连接信息也可以进行双向交互。接线表和连接器清单也可以从 EPLAN Electric P8、TXT 以及 CSV 中直接导入 EPLAN Harness proD 中。同时，附加的属性信息，如压接端子、密封、电气等级、剥线长度等信息也都可以同步传送。对 EPLAN 中的导线和电缆长度信息、线束名字和连接器零部件信息的回读是跨专业的进一步集成。

EPLAN Harness proD 特有的"指向并单击"的方法可以对线束路径进行直观的定义和调整。使用快速化样机，设计人员可以快速且容易地进行线束工程设计。通过放置一些虚拟的对象，如电缆、连接器或者引导部件以及电缆路径的直观定义，线束生产图纸可以快速地被创建出来。

EPLAN Harness proD 提供高效率、高质量自动化生产文档编制，能够确保生产的高度集成。二维钉板图以及导线 / 电缆制造机器的控制文件可以自动生成。针对生产文档的生成、组织、管理，EPLAN Harness proD 提供了非常便捷的功能——保证正确且完整的物料清单和线缆计划，精确地计算质量、时间和成本。

EPLAN Harness proD 提供了富有成效的变量管理。运用完善且清晰的变量管理功能，可以从 150% 的设计角度来管理多样的线束配置。在每一个变量中，EPLAN Harness proD 可以定义一个或者多个特性（电气选项），而所有变量所必需的生产文档据此自动生成。原理设计则通过模块化设计和重复利用实现这种功能。能够实现这一功能的基础是定义"复杂实体"，它是一组元素的集合，甚至是一个完整的线束。在实体定义之后，它可以存储、重复利用并且可以与其他项目参与者进行交互。在将来的项目中，设计人员将会从这种快速的工程设计和生产中获益良多。

本书作为 EPLAN Harness proD 的入门教程，从工程实际出发，以线束设计为核心，旨在向各位读者阐述如何利用 EPLAN Harness proD 直接使用 3D MCAD 模型，高效且快速地进行线束设计并创建用于生产制造的钉板图、电缆图纸和工程报表。同时，本书配备了实战章节，有兴趣深入研究 EPLAN Harness proD 应用的读者可以结合自身产品设计的特点，来融会贯通软件的基本功能的使用。

由于时间仓促，书中难免存在疏漏和不足之处，恳请广大读者批评指正！

编者

目　录

第 1 章
EPLAN Harness proD 介绍

目前国内的线束设计大多依赖于样机生产和手工操作，这样的弊端是很大的。样机生产完成后再手工操作布线，然后展开线束，利用 CAD 完成钉板图的设计，导致产品生产周期过长，不能及时交付，浪费大量时间与成本。

EPLAN Harness proD 是一种独特、独立的易用解决方案，用户可以高效且快速地创建 3D 线束、2D 钉板图、电缆图纸和报表。基于最新的技术，EPLAN Harness proD 可确保用户使用市场上最新的线束软件技术。EPLAN Harness proD 使线束设计不受机械原型可用性的影响。直接使用 3D MCAD 模型将显著降低开发成本，同时通过缩短开发周期而节省时间成本。

本章练习的目的：

- 初步了解 EPLAN Harness proD
- 安装 EPLAN Harness proD
- 启动和关闭 EPLAN Harness proD
- 初步了解 EPLAN Harness proD 用户界面

1.1　术语解释

为全面理解 EPLAN Harness proD 的用途和所有功能，应首先定义下列术语。

1.1.1　EPLAN Harness proD Studio

EPLAN Harness proD Studio 是一个项目环境，其包含 3D 工作区、工作台、2D 钉板图、电缆图纸和报表。通过此环境，用户不仅可以创建线束，还可以在项目中包含其他文档，如电子邮件、PDF 文件、Excel 电子表格、Word 文档等。Studio 还可以包含多个变量、工作区、工作台、钉板图、电缆图纸和报表，并可以对所有项目相关文件进行全面控制。

1.1.2　EPLAN Harness proD Library

EPLAN Harness proD Library 是一个全面的库编辑器，需要进行线束设计的所有库部件（如连接器、导线、电缆、接线端子、绝缘套管等）都可以定义或导入，包括必要的非图形属性。Library 支持部件版本控制，使用户可以更好地控制使用的部件，还可以定义部件的状态以及成本、质量和交叉参考。Library 的大部分对象可以使用导入功能从外部（PDM 源）导入，只需单击几次便可以在库之间交换对象。

部件的层次结构完全可以由用户定义，这意味着用户可以根据自己的要求定义整个对象结构。大量基于内容的搜索和过滤器选项可帮助用户快速找到对象。

1.2　系统要求

1.2.1　硬件要求

工作计算机：

计算机平台需是配有 Intel Core i5 或 i7 或兼容处理器的个人计算机。

工作计算机的**推荐配置：**

- 处理器：多核 CPU，不超过 3 年。
- 内存：≥ 16GB/ 固态硬盘更佳。
- 硬盘：500GB。
- 显示器 / 图像分辨率：双 21 英寸显示器，或者分辨率为 1680 × 1050 的 16:10 图像系统。

- 显卡：AMD（ATI）或 NVIDIA 的专用显卡，具有当前的 Direct 3D 11+/OpenGL 2+ 驱动程序和 4GB RAM（与 NVIDIA Quadro 600 或更高版本相当）。

网络：

建议使用 Microsoft Windows 网络。

- 服务器的网络传输速率：1Gbit/s。
- 客户端计算机的网络传输速率：100Mbit/s。
- 建议等待时间：<1ms。

提示：

选择 CPU 时，应选择速度较快的具有更少 CPU 内核的处理器，而不选择具有更多 CPU 内核的速度较慢的处理器。

1.2.2 软件要求

操作系统：

- Microsoft Windows 8.1（64 位）Pro、Enterprise。
- Microsoft Windows 10（64 位）Pro、Enterprise Build 1709。
- Microsoft Windows 10（64 位）Pro、Enterprise Build 1803。
- Microsoft Windows 10（64 位）Pro、Enterprise Build 1809。
- Microsoft Windows 10（64 位）Pro、Enterprise Build 1903。
- Microsoft Windows 10（64 位）Pro、Enterprise Build 1909。

运行环境：

- Microsoft .NET Framework 4.7.2。
- Microsoft Visual C++ 2013 Redistributable Package。
- Microsoft Visual C++ 2017 Redistributable Package。
- Microsoft DirectX 9.0c。

提示：

在最新的 2023 版本中，EPLAN 平台的程序仅支持 64 位版本的操作系统。

1.3　安装 EPLAN Harness proD

Microsoft Windows® 操作系统上的安装过程要求以管理员权限登录。

1）使用管理员权限登录操作系统。

2）将下载的安装文件解压后，浏览位于根文件夹的 Setup.exe 文件，如图 1-1 所示，然后启动该文件。

3）欢迎界面如图 1-2 所示，包括法律申明、授权技术等基本信息，单击【Next】按钮。

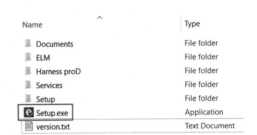

图 1-1　启动 Setup.exe

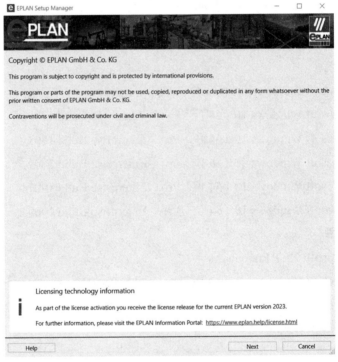

图 1-2　欢迎界面

4）安装配置界面如图 1-3 所示。在该界面，EPLAN Harness proD 软件可以检测运行环境要求的软件组件是否已经安装；用户可以自定义需要安装的软件组件、自定义软件安装路径及语言、是否需要安装 Demo Data 以及选择同步器的同步方式，然后单击【Install】按钮进行安装。

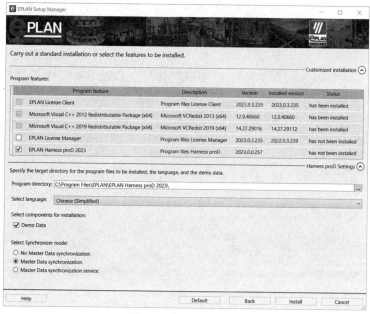

图 1-3　安装配置界面

5）安装进度如图 1-4 所示，显示所有已选择的软件组件的安装进度。安装过程可能需要几分钟时间（取决于用户的配置）。

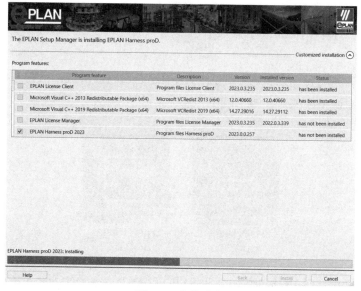

图 1-4　安装进度

6）完成安装如图 1-5 所示。单击【Finish】按钮，确认完成软件的安装。

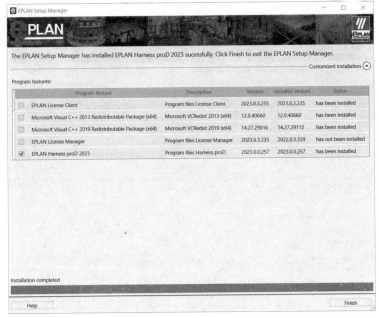

图 1-5　完成安装

> 💡 提示：
> 如果需要更改设置，可通过单击【Back】按钮返回修改；如果想取消
> 安装，则可单击【Cancel】按钮。

7）安装完成后，桌面将会有 EPLAN Harness proD Studio 和 EPLAN Harness proD Library 两个图标，如图 1-6 所示。

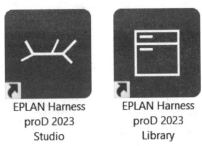

图 1-6　EPLAN Harness proD Studio 和 EPLAN Harness proD Library 图标

1.4 启动和退出 EPLAN Harness proD Studio/Library

1.4.1 启动 EPLAN Harness proD Studio/Library

1）双击桌面图标![icon]或启动![icon]。

2）第一次启动 EPLAN Harness proD 时会弹出【激活许可】窗口，如图 1-7 所示。如果购买的是单机版，则选中【通过在线激活】单选按钮，然后单击【确定】按钮。

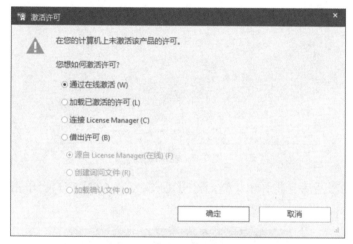

图 1-7 【激活许可】窗口

3）在【在线激活许可】窗口中，在 Entitlement ID（EID）栏中输入 EID，然后单击【确定】按钮，进入激活过程，如图 1-8 所示。

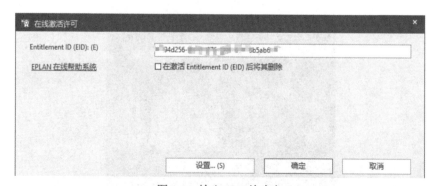

图 1-8 输入 EID 并确定

4）弹出对应 EID 的授权信息确认窗口，确认无误后，单击【激活】按钮，开始激活过程，如图 1-9 所示。

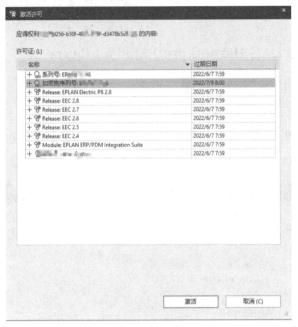

图 1-9　确认激活

5）成功激活后，将弹出【激活许可（MAX 71.00）】窗口，单击【关闭】按钮，软件即可启动，如图 1-10 所示。

图 1-10　激活成功并启动软件

提示:

　　根据购买授权的不同，用户可选择的激活方式也会不同。本节仅演示
EPLAN Harness proD 单机版授权的在线激活方式。

　　6）出现如图 1-11 所示界面后，表示已经成功打开软件，可以开始使用
EPLAN Harness proD Studio/Library 了。

图 1-11　EPLAN Harness proD Studio/Library 主界面

1.4.2 退出 EPLAN Harness proD Studio

用户可以在任何时候退出 EPLAN Harness proD Studio。单击右上角 ✕ 关闭按钮，如图 1-12 所示，即可退出 EPLAN Harness proD Studio。

图 1-12 退出 EPLAN Harness proD Studio

1.4.3 退出 EPLAN Harness proD Library

用户可以在任何时候退出 EPLAN Harness proD Library。单击右上角 ✕ 关闭按钮，如图 1-13 所示，即可退出 EPLAN Harness proD Library。

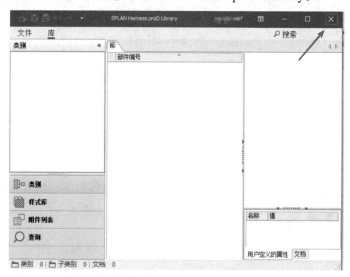

图 1-13 退出 EPLAN Harness proD Library

1.5　用户界面

1.5.1　EPLAN Harness proD Studio 用户界面

启动 EPLAN Harness proD Studio 后，出现图 1-14 所示界面。

图 1-14　EPLAN Harness proD Studio 用户界面

EPLAN Harness proD Studio 用户界面主要由快速访问工具栏、功能区、项目历史、项目模板、项目预览及项目模板预览组成。

- **快速访问工具栏**：由常用命令构成，如保存、撤销、关闭等，以便快速访问。
- **功能区**：文件相关功能区使用后台视图，如新建、打开、设置及帮助命令等，通过单击【文件】后弹出。
- **项目历史**：该区域记录了用户最近打开和使用过的项目信息。
- **项目模板**：用户已有的项目模板信息，用于基于项目模板创建项目时使用。项目模板可由用户自定义。

- **项目预览**：在项目历史中选中项目时，该项目的预览可见。
- **项目模板预览**：在项目模板中选中对象时，该项目模板的预览可见。

1.5.2   EPLAN Harness proD Library 用户界面

双击桌面图标，启动 EPLAN Harness proD Library，出现如图 1-15 所示用户界面。

图 1-15   EPLAN Harness proD Library 用户界面

EPLAN Harness proD Library 用户界面主要由快速访问工具栏、功能区、类别、样式库、附件列表、查询、部件列表以及部件预览组成。

- **快速访问工具栏**：由常用命令构成，如保存、撤销、关闭等，以便快速访问。
- **功能区**：文件相关功能区使用后台视图，如库的新建、打开、设置、压缩/修复及帮助命令等，通过单击【文件】后弹出。当选择【库】时，库视图处于活动状态，此视图用于显示和管理当前所打开库的内容。
- **类别**：包含当前所打开库的完整类别结构，并以树形图形式显示。一旦选择了某个类别，其内容将在部件列表中列出。
- **样式库**：列出了所有可用影线样式，并提供了修改、删除和复制影线的功能。

- **附件列表**：用于显示和管理附件列表信息。
- **查询**：该视图下可帮助用户基于对部件的部分属性的搜索，从而轻松找到部件。
- **部件列表**：显示当前所选类别的完整内容或者查询结果，是可以选择部件以进行进一步处理的位置。
- **部件预览**：其提供了部件列表中当前所选部件的详细的预览信息。

 提示：

可以通过数字键盘的【 + 】/【 – 】折叠或展开特定类别，可以通过数字键盘的【 * 】/【 / 】一次性展开或折叠特定类别及其所有子类别。

第 2 章
部件库创建与管理

EPLAN Harness proD Library 是一个全面的库编辑器，需要进行线束设计的所有库部件（如连接器、导线、电缆、接线端子、绝缘套管等）都可以定义或导入，包括必要的非图形属性。

本章练习的目的：

- 了解 EPLAN Harness proD Library
- 了解库文件的创建和管理

2.1 术语解释

为全面理解 EPLAN Harness proD Library 的用途和所有功能，应首先定义下列术语。

2.1.1 库

库是一种结构，包含适合在 EPLAN Harness proD Studio 中使用的部件。库能够以 XML 文件（基于文件系统的库）或者 Microsoft SQL Server 数据库的形式存在，通过 EPLAN Harness proD Library 创建和管理库。

2.1.2 连接

要连接到某个库，EPLAN Harness proD Library 需要使用包含所需信息的特殊文件（文件扩展名为 *.hxcn ），该文件称为【连接】，如图 2-1 所示。

Documents > Harness proD 2023 > 连接

File name: Demo   库连接 (*.hxcn)

图 2-1 库连接

提示：

默认连接存储在 Documents\<EPLAN Harness proD 版本>\ 连接文件夹中，当创建新库或者首次在用户的本地计算机上打开现有库时，将自动创建一个新连接。

2.1.3 类别

类别是指库层次结构中的某个级别，该级别将相同类型的部件（如导线、电缆、连接器等）进行关联。尽管不同类型的部件不能在同一类别中，但可以为相同类型的部件定义多个类别。

 库创建

创建库时，必须首先选择库类型。EPLAN Harness proD 提供了两类可供选择的库类型：基于文件系统的库和 Microsoft SQL Server 库。如果部件数量不超过 1000 条，则基于文件系统的库更实用；如果部件数量更广泛，则使用 Microsoft SQL Server 库更方便。

本节仅讲述如何创建基于文件系统的库，Microsoft SQL Server 库的建立可参见 EPLAN Harness proD Library 帮助文件（www.eplan.help）。

1）启动 EPLAN Harness proD Library，进入用户界面，选择【文件】选项卡，进入后台视图，如图 2-2 所示。

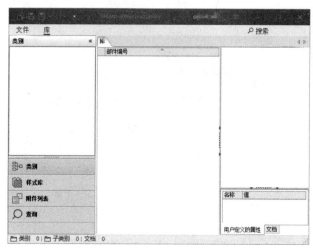

图 2-2　EPLAN Harness proD Library 用户界面

2）选择【新建】，并选择【File system based】（基于文件系统），如图 2-3 所示。

3）在创建库界面中指定库存放路径，输入库名称如示例库，单击【Open】按钮，如图 2-4 所示。

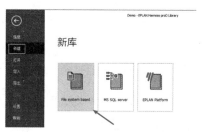

图 2-3　新建基于文件系统的库

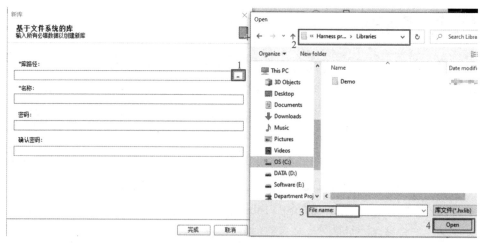

图 2-4　选择库路径和输入库名称

提示：

必须输入库名称后，【Open】按钮才可使用。

4）在创建库界面单击【完成】按钮，完成库的创建，如图 2-5 所示。

图 2-5　完成库创建

 提示：

用户可以为库设置密码，用于库的保护，以后每次打开库时都需要输入密码。

5）完成库的创建后，EPLAN Harness proD Library 自动跳转至示例库的库视图界面，如图 2-6 所示。

 提示：

库视图最上方正中显示了库的名称，如示例库。

图 2-6　示例库的库视图界面

2.3　库管理

2.3.1　使用现有库

在 EPLAN Harness proD Library 中一次只能打开一个库,因此,如果想要切换到另一个库,用户可以直接将其打开。由于当前打开的库随后将关闭,因此应首先保存所有更改,否则系统将提示用户进行保存。

1)选择【文件】选项卡,进入后台视图,然后单击【打开】。如果之前已打开过该库,且【最近的库】中有库连接记录,则直接在【最近的库】中单击需要打开的库名称即可,如图 2-7 所示。

图 2-7　打开【最近的库】

2）如果打开过该库，但【最近的库】中没有库连接记录，则依次单击【连接到库】→【添加连接】，选择库连接路径并指定对应的库连接，最后单击【Open】按钮，如图 2-8 所示。

图 2-8　选择库连接

添加库连接后，即可在【最近的库】中打开该库，如步骤 1）。

3）如果从未打开过该库或者库连接不存在，可以依次单击【连接到库】→【连接 XML 库】，如图 2-9 所示。

图 2-9　选择连接 XML 库

4）选择库文件路径并指定对应的库文件（.hxlib），单击【Open】按钮，再单击【完成】按钮，如图 2-10 所示。

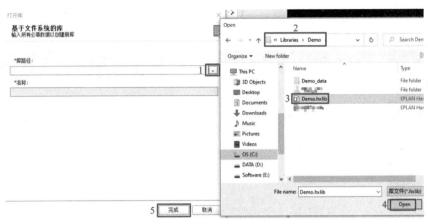

图 2-10　选择并打开库文件

5）打开库后，EPLAN Harness proD Library 自动跳转至库视图界面，如图 2-11 所示。

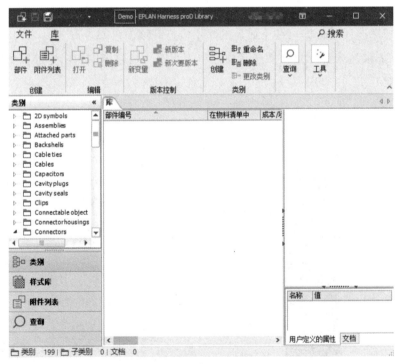

图 2-11　库视图界面

2.3.2　导出库数据

通过 EPLAN Harness proD Library 应用程序，能够以文件格式（*.hxexp）导出整个库（或样式库）、某个类别甚至单个部件（或单个样式）。此类文件包含所导出的部件的所有信息（包括 2D 和 3D 图形）。导出和导入库数据的功能可用于备份或数据交换。

1）选择【文件】选项卡，进入后台视图，然后单击【导出】，如图 2-12 所示，可以选择【导出库】【导出类别】【导出部件】【导出附件列表】。

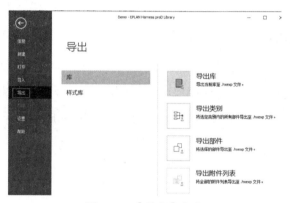

图 2-12　【导出】命令

2）单击【导出库】，在弹出的【导出位置】对话框中设置导出路径和文件名，然后单击【Save】按钮，如图 2-13 所示。

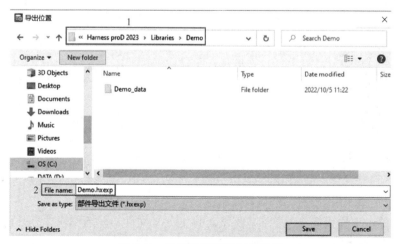

图 2-13　设置导出路径和文件名

3）EPLAN Harness proD 提示导出成功，在导出路径下新生成扩展名为 .hxexp 的文件，如图 2-14 所示。

图 2-14　成功导出库

2.3.3　导入库数据

从 EPLAN Harness proD Library 应用程序导出的任何可用数据（*.hxexp 文件），都可以将其导入当前打开的库中。无论数据是作为库（或者样式库）、类别还是单独部件的文件，其将始终作为包含相应类别结构的部件来导入。

1）选择【文件】选项卡，进入后台视图，然后单击【导入】，如图 2-15 所示，可以选择【导入库】【导入部件】【导入外部数据】。

图 2-15　导入

2）单击【导入库】，选择需要导入的 .hxexp 文件，然后单击【Open】按钮，如图 2-16 所示。

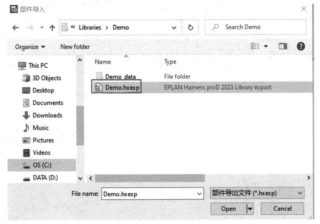

图 2-16　选择导入文件

3）如果库和导入文件中都存在同一个组件，则会发生冲突，并且系统会提示用户加以解决，如图 2-17 所示。

图 2-17　部件冲突提示

- 单击【覆盖】按钮：可覆盖现有组件。
- 单击【保留两者】按钮：可保留现有组件，并添加一个在方括号中包含编号索引的新组件。
- 单击【跳过】按钮：可保留现有组件完整不变，不导入任何内容。

4）单击【覆盖】按钮，并选中【将此设置用于所有后续冲突】复选框，开始导入部件，完成后显示导入结果，如图 2-18 所示。

图 2-18　导入结果

第 3 章
部件创建与管理

　　线束设计涉及的部件包括连接器、引导部件、导线、电缆、接线端子、绝缘套管等，都需要在 EPLAN Harness proD Library 中进行定义和管理。第 2 章讲述了如何创建与管理库，本章则讲述如何对库中的对象即部件进行创建与管理。

本章练习的目的：

- 了解 EPLAN Harness proD Library 中的部件类型
- 了解 3D 环境与 2D 环境
- 了解不同类别部件的创建与管理

3.1　术语解释

3.1.1　部件

　　每个部件应包含足够的信息，以便最恰当地对应其真实型号。此信息应包含以下内容：

- **全局属性**：所有部件类型共同的常规信息。
- **特定于部件的属性**：特定部件的特殊属性。
- **其他信息**：用户定义的信息。
- **附件**：与定义它们的部件一起使用的部件列表。
- **3D 窗口**：部件的三维表示法。

- **2D 窗口**：用于二维制造图纸中输出的部件示意图表示。

3.1.2　部件类型

部件类型根据其应用可细分为以下八个组：

- **电气组件**：连接器、导线、电缆、带状电缆、端子、连接物、传感器 & 开关 & 按钮、继电器 & 接触器以及信号设备。
- **特殊电气组件**：分线器、电容器、电阻器、熔断器以及灯。
- **部件或连接器组件**：部件、连接器腔体外壳以及后壳。
- **引导部件**：引导部件、夹子和橡胶件。
- **装配体**：装配体和设备。
- **附加零件和其他组件**：压接件、接线端子、腔体密封件、多出线口腔体密封件、腔塞、标签、用户定义的附加零件和电缆扎带。
- **表面保护材料**：绝缘套管、保护胶带、柔性管、编织套管、热缩管和表面保护材料。
- **2D 元素**：图纸边框、图纸标题、钉子、2D 符号和导线符号。

每个部件类型都可以分配大量信息。但根据部件类型的不同，有些部件信息可用于所有部件类型（如全局属性、其他信息和附件部分），有些部件信息只能用于特定类型的部件类型（如特定于部件的属性、2D 窗口、3D 窗口）。

3.1.3　部件视图

部件视图作为 EPLAN Harness proD Library 两个主对话框基本视图之一，用于编辑具体某个部件的相关信息，由快速访问工具栏、功能区、部件信息和部件信息主视图等组成，如图 3-1 所示。

图 3-1　部件视图

3.1.4　3D 环境

EPLAN Harness proD Library 3D 环境用于创建部件的 3D 模型，这些模型可进一步用于 EPLAN Harness proD Studio 工作区或工作台环境中。其主要由 3D 导航面板、3D 工作窗口、3D 属性面板以及对应的快速访问工具栏和功能区组成，如图 3-2 所示。

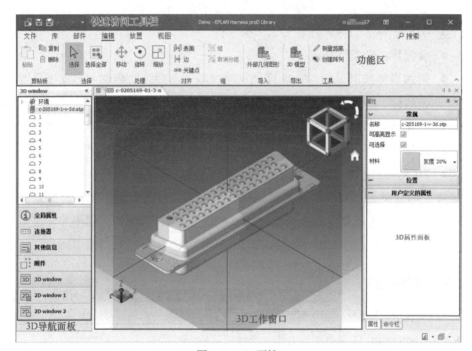

图 3-2　3D 环境

3.1.5　2D 环境

EPLAN Harness proD Library 2D 环境用于创建部件的 2D 图纸，这些图纸可进一步用于 EPLAN Harness proD Studio 钉板图和电缆图纸环境中，主要由 2D 导航面板、2D 工作窗口、2D 属性面板以及对应的快速访问工具栏和功能区组成，如图 3-3 所示。

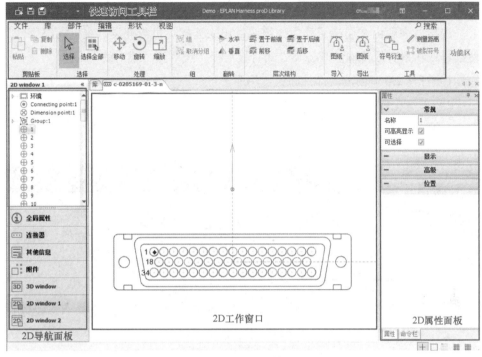

图 3-3　2D 环境

3.2　部件创建

　　EPLAN Harness proD 支持 8 大类近 40 余种部件，即部件类型的自定义创建。本节仅讲述其中部分部件的创建，更多信息可参考 EPLAN Harness proD 帮助文件。

3.2.1　新建连接器

　　连接器即 CONNECTOR，如图 3-4 所示，国内亦称作接插件、插头和插座。连接器一般是指电器连接器，即连接两个有源器件的器件，传输电流或信号。连接器在电路内被阻断处或孤立不通的电路之间架起沟通的桥梁，从

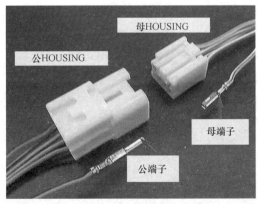

图 3-4　连接器示例

而使电流流通，使电路实现预定的功能。

连接器一般出金属端子和主体组成，用来连接主机与外设、主机内部部件，使信号或功率有效传输。其分类方式有板对板、线对板、线对线等形式。

1）打开 2.2 节创建的部件库：示例库。

2）单击【库】选项卡中的【部件】按钮，或者按〈Ctrl+N〉组合键，如图 3-5 所示。

图 3-5　新建部件命令

3）在【新零部件类型】对话框中选择【电气组件】，如图 3-6 所示。

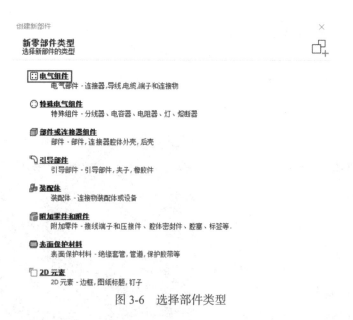

图 3-6　选择部件类型

4）在【部件子类型】对话框中选择【连接器】，如图 3-7 所示。

图 3-7 选择子类型

5）在【连接器】对话框中输入部件编号和类别信息，然后单击【完成】按钮，如图 3-8 所示。

图 3-8 输入部件编号和类别信息

 提示：

在类别栏中输入字符"\"，代表新建子类别。类型信息可以留空，在部件的全局属性中直接添加或修改。

6）在【全局属性】窗口中完善连接器相关的基础信息，如图 3-9 所示。

图 3-9　完善部件信息

- 【系列】栏：MATE-N-LOK。
- 【外部编号】栏：
  - ➢ 数量：350777-1。
  - ➢ 类型：供应商。
  - ➢ 公司：TE Connectivity。
- 【部件状态】栏：已发布。
- 【温度范围】栏：–55~105℃。
- 【产品颜色】栏：WH。
- 【数量/包装】栏：1。
- 选中【在物料清单中使用】复选框。

> 提示：
>
> 　　全局属性中带＊号的为必填属性，如部件编号、类别；部件状态为"过时"的部件在库视图中被"划掉"，无法在 EPLAN Harness proD Studio 部件浏览器中选择，并且需要在任务中检查这些部件在工作区中的使用；成本、温度范围等有单位的属性，其单位符号（如℃）由 EPLAN Harness proD 自动填写，只需在数值栏中输入数值即可。

7）切换至【连接器】窗口，选中【公】单选按钮，并在腔尺寸栏中输入"1mm"，如图 3-10 所示。

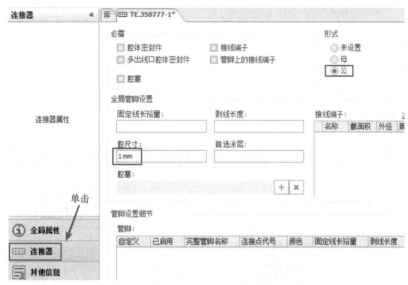

图 3-10　设置【连接器】窗口参数

8）切换至【其他信息】窗口，添加外部文档并选中【下载文件】复选框，如图 3-11 所示。

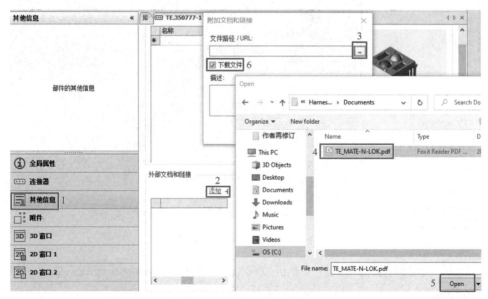

图 3-11　添加外部文档

提示:

如果不选中【下载文件】复选框,则部件数据中仅存储外部文档的存储路径;选中【下载文件】复选框后,可以选中该文档并右击,在弹出的快捷菜单中选择【另存为】命令下载文档。

9)切换至【3D窗口】,选择【编辑】选项卡,然后单击【导入】命令组中的【外部几何图形】按钮,如图3-12所示。

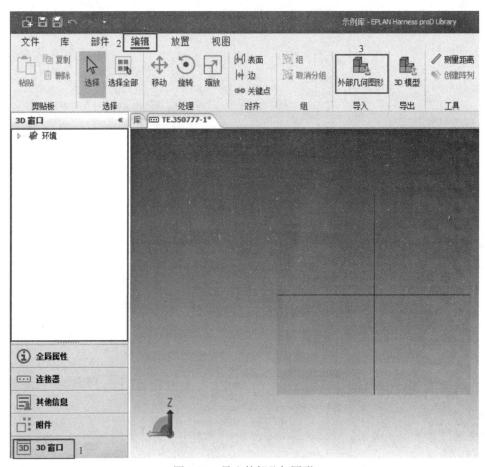

图3-12 导入外部几何图形

10)选择需要导入的连接器机械模型,然后单击【Open】按钮,如图3-13所示。

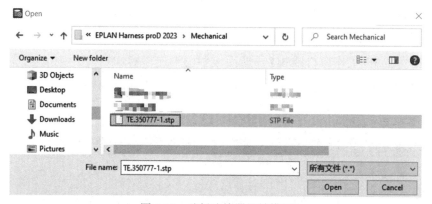

图 3-13　选择连接器机械模型

提示：

本书配套的3D模型存储在资源压缩包的 EPLAN Harness proD 2023\Mechanical文件夹中。

11）导入模型后，选择【视图】选项卡，然后单击【预定义视图】命令组中的【ISO】按钮，如图3-14所示。

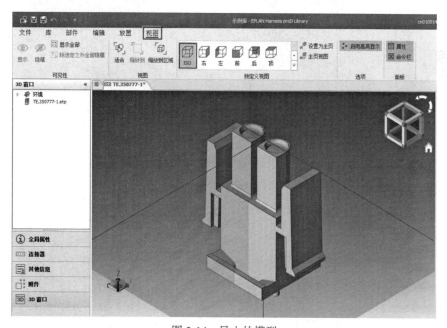

图 3-14　导入的模型

在 ISO 视图下可以看出目前连接器"颠倒"了，因此需要对其进行旋转"摆正"。

12）在 3D 工作窗口或 3D 导航面板中选中连接器 3D 模型（模型高亮表示已选中），选择【编辑】选项卡，然后单击【处理】命令组中的【旋转】按钮，如图 3-15 所示。

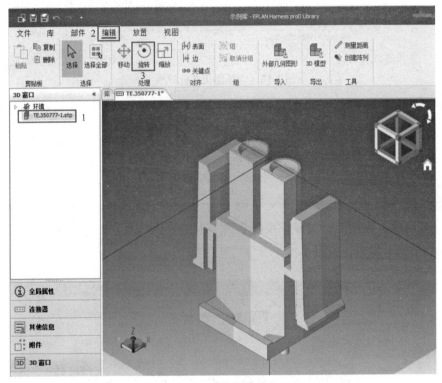

图 3-15 【旋转】按钮

13）在右侧的【命令栏】中首先输入需要旋转的角度，如 180°；然后选择绕哪个坐标轴旋转，如 X 轴，如图 3-16 所示。

 提示：

EPLAN Harness proD 的坐标系 X 轴为红色，Y 轴为绿色，Z 轴为蓝色，示例在 3D 工作窗口左下角；【旋转】命令的默认快捷键为〈R〉，可以先执行【旋转】命令，再选择需要旋转的对象；进行下一步操作前，一定要先按〈Esc〉键退出【旋转】命令。

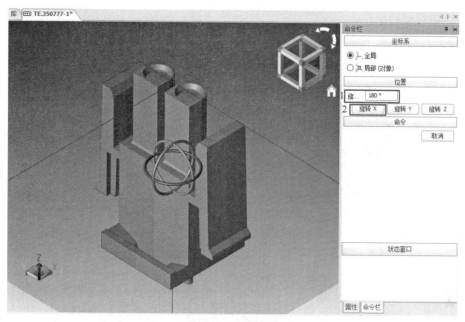

图 3-16 旋转操作

绕 X 轴旋转 180° 后，效果如图 3-17 所示。

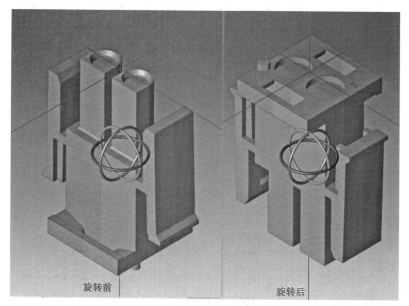

图 3-17 旋转前后对比

继续旋转操作，实现模型"摆正"，绕 Z 轴旋转 90° 后，最终效果如图 3-18 所示。

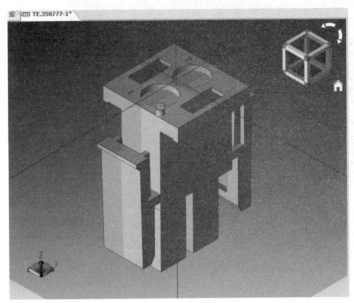

图 3-18　3D 模型"摆正"效果

14）在 3D 导航面板中选中【参考平面】右击，在弹出的快捷菜单中选择【隐藏】命令，将坐标系平面进行隐藏，避免在后续操作中影响表面的选择，如图 3-19 所示。

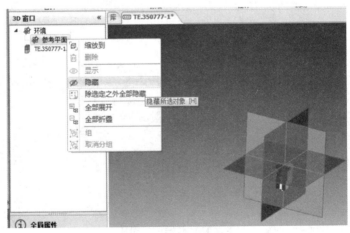

图 3-19　【隐藏】命令

15）选择【放置】选项卡，单击【管脚】命令组中的【管脚】按钮，在弹出的命令栏中选中【表面】单选按钮，并选择管脚所在表面位置，如图3-20所示。

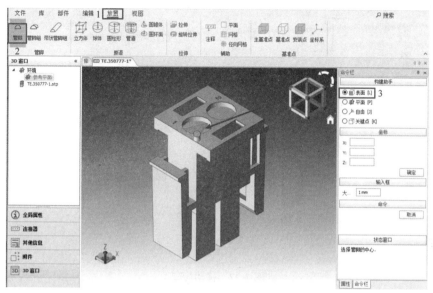

图3-20 选择管脚所在表面位置

16）在【命令栏】中输入管脚大小（5mm），选择管脚的中心，如图3-21所示。

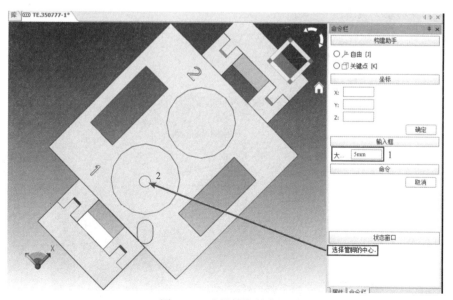

图3-21 选择管脚的中心

17）选择管脚的中心后，如果管脚位置"不理想"，可以通过【移动】命令进行轴向调整，如图 3-22 所示。

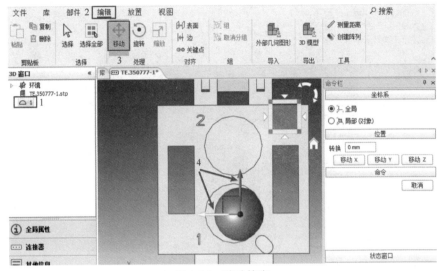

图 3-22　移动管脚

 提示：

　　【移动】命令的默认快捷键为〈M〉。可以先执行【移动】命令，再选择需要移动的对象。

18）放置完成的管脚如图 3-23 所示。

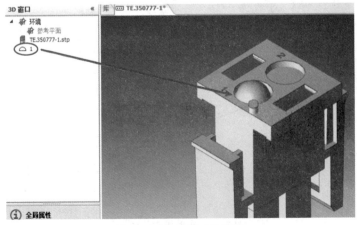

图 3-23　放置完成的管脚

19）在 3D 导航面板中选中管脚，并在右侧【属性】栏将【材料】下拉列表中内容更改为红色，如图 3-24 所示。

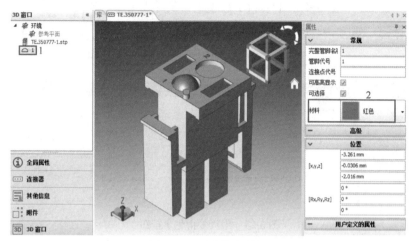

图 3-24　更改管脚材料

 提示：

　　可以通过属性栏直接更改管脚代号、连接点代号以及管脚大小等信息。

20）用同样方式再放置一个管脚，管脚代号为 2，材料为黄褐色，如图 3-25 所示。

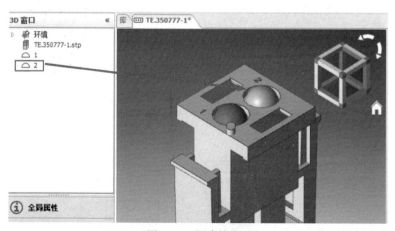

图 3-25　新建管脚 2

21）单击【部件】选项卡中的【添加】按钮，进入 2D 环境，如图 3-26 所示。

22）在 2D 环境中单击【编辑】选项卡中的【符号衍生】按钮，如图 3-27所示。

图 3-26　添加 2D 窗口

图 3-27　【符号衍生】按钮

23）在视图栏中选择顶视图，全局设置中取消选中【显示管脚】复选框，其他设置保持默认。单击【更新】按钮，生成衍生符号后单击【确定】按钮，如图 3-28 所示。

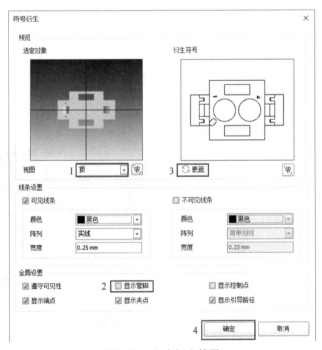

图 3-28　生成衍生符号

提示：

更改任意设置后，需要重新单击【更新】按钮才能更新衍生符号。

24）将衍生符号放置在 2D 工作窗口中合适的位置，如图 3-29 所示。

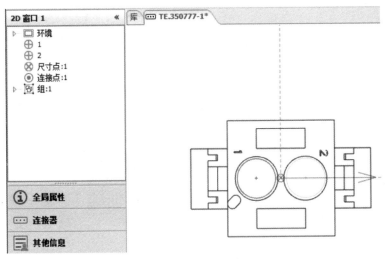

图 3-29 放置衍生符号

25）在 2D 导航面板中选中【连接点】，并在右侧【属性】栏中将旋转角度更改为 90°，如图 3-30 所示。

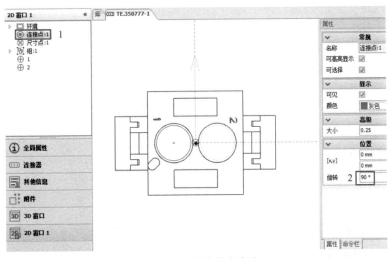

图 3-30 调整连接点角度

> **提示：**
>
> 连接点箭头尖端确定符号的方向，该方向指向线束或电缆内部。

26）在【部件】选项卡中单击【钉板图】按钮，将该 2D 窗口设置成钉板图的默认符号，如图 3-31 所示。

图 3-31　设置钉板图默认符号

27）再添加一个 2D 窗口，并将管脚 1 和 2 的大小更改为 3mm，如图 3-32 所示。

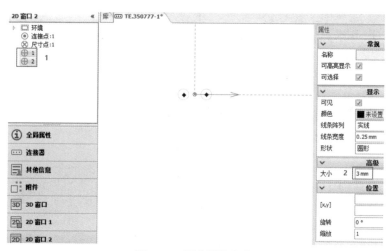

图 3-32　更改管脚大小

28）衍生一个前视图的符号，并放置在合适的位置，然后调整连接点旋转角度至 90°，并选中【电缆图纸左侧】和【电缆图纸右侧】，如图 3-33 所示。

> **提示：**
>
> 2D 窗口中的尺寸点⊗可用于尺寸标注，在电缆图纸中可用，是尺寸的起始点，因此尺寸点一般放置在连接器管脚根部。

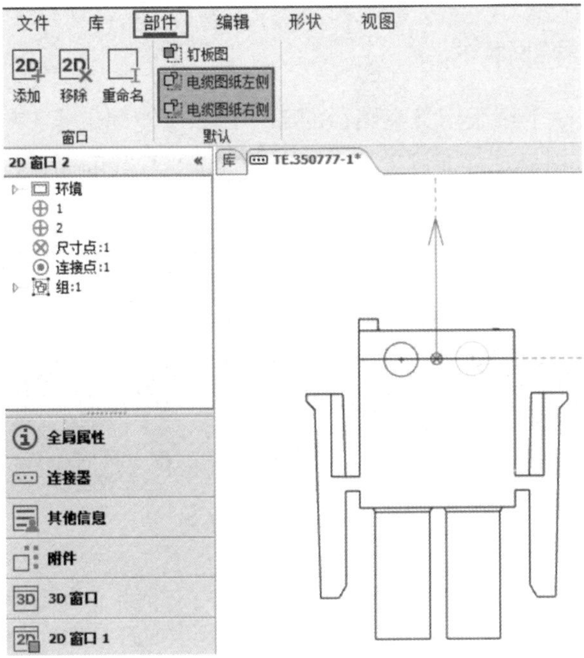

图 3-33 新建电缆图纸默认符号

29）单击快速访问工具栏中的【保存】按钮或者按〈Ctrl+S〉组合键，对创建的部件数据进行保存，如图 3-34 所示。

30）创建完成后的连接器如图 3-35 所示。

图 3-34 保存

图 3-35 创建完成后的连接器

3.2.2　新建引导部件

引导部件是一个用于定义束路径的部件，如电缆固定座 / 夹、三通接头等，如图 3-36 所示，引导部件通过入口点到出口点定义导线的途径。

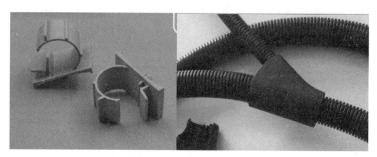

图 3-36　引导部件示例

1）新建部件，新零部件类型为引导部件；部件子类型为引导部件，如图 3-37 所示。

创建新部件

新零部件类型
选择新部件的类型

⊞ **电气组件**
电气部件 - 连接器,导线,电缆,端子和连接物

○ **特殊电气组件**
特殊组件 - 分线器、电容器、电阻器、灯、熔断器

▢ **部件或连接器组件**
部件 - 部件,连接器腔体外壳,后壳

⤵ **引导部件**
引导部件 - 引导部件,夹子,橡胶件

🔧 **装配体**
装配体 - 连接物装配体或设备

📦 **附加零件和附件**
附加零件 - 接线端子和压接件、腔体密封件、腔塞、标签等.

▢ **表面保护材料**
表面保护材料 - 绝缘套管,管道,保护胶带等

▢ **2D 元素**
2D 元素 - 边框,图纸标题,钉子

创建新部件

部件子类型
指定部件的子类型

⤵ **引导部件**
定义束路径的部件.

⫿ **夹子**
在特定点紧固线束,电缆和 / 或导线的部件

▮ **橡胶件**
密封后壳

图 3-37　新建引导部件

2）输入部件编号及类别，然后单击【完成】按钮，如图 3-38 所示。

图 3-38 输入部件编号及类别

3）在【全局属性】窗口中完善引导部件相关的基础信息，如图 3-39 所示。

图 3-39 完善全局属性

- 【系列】栏：EPLAN。
- 【外部编号】栏：
  - ➢ 数量：000001；
  - ➢ 类型：供应商；
  - ➢ 公司：EPLAN GmbH & Co.KG。
- 【部件状态】栏：已发布。
- 【成本／项目】栏：2 €。
- 【重量／项目】栏：30g。

- 【交付周期（天 / 周）】栏：3d。
- 【温度范围】栏：–20~110℃。
- 【产品颜色】栏：WH。
- 【数量 / 包装】栏：50。
- 选中【在物料清单中使用】复选框。

4）切换至 3D 窗口，并单击【管道】按钮，如图 3-40 所示。

图 3-40　【管道】按钮

5）在命令栏中选中【平面】单选按钮，然后选择 Y-Z 平面，如图 3-41 所示。

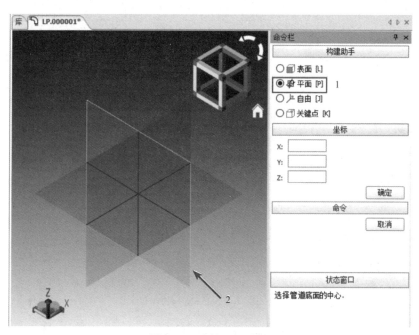

图 3-41　选择 Y-Z 平面

6）选中【关键点】单选按钮，并选择原点作为管道底面的中心，如图 3-42 所示。

7）输入管道内径半径（9mm），按〈Enter〉键确认，如图 3-43 所示。

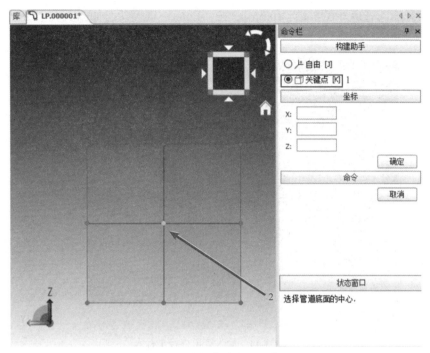

图 3-42　选择管道底面的中心

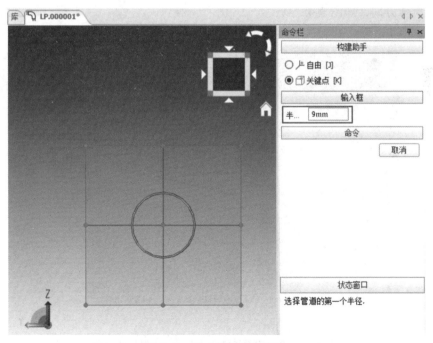

图 3-43　输入管道内径半径

8）输入管道外径半径（10mm），按〈Enter〉键确认，如图 3-44 所示。

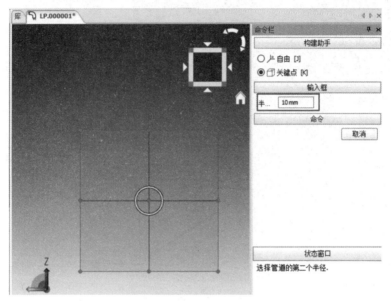

图 3-44　输入管道外径半径

9）输入管道长度（高度）（40mm），按〈Enter〉键确认，并指定 X 轴正方向为拉伸方向，如图 3-45 所示。

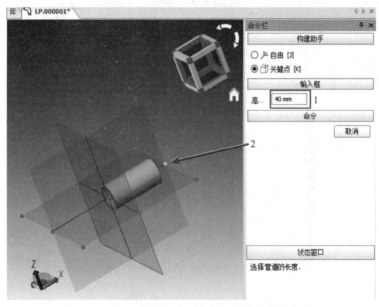

图 3-45　输入管道长度（高度）并指定拉伸方向

10）使用【移动】命令将管道沿 X 轴负方向移动 20mm，使其关于 Y-Z 平面对称，如图 3-46 所示。

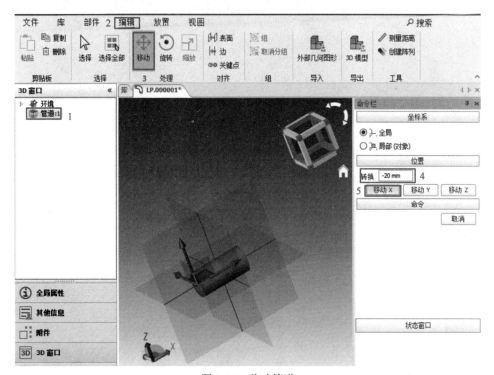

图 3-46　移动管道

提示：

　　向 X 轴负方向移动 20mm，因此输入值为 –20mm；【移动】命令的默认快捷键为〈M〉；可以先执行【移动】命令，再选择需要移动的对象；进行下一步操作前，一定要先按〈Esc〉键退出【移动】命令。

11）新建管道 2，尺寸为 9mm×10mm×20mm（内径半径 × 外径半径 × 长度），所在平面为 Z-X，方向为沿 Y 轴负方向，如图 3-47 所示。

12）选中【参考平面】，右击，在弹出的快捷菜单中选择【隐藏】命令，隐藏参考平面，如图 3-48 所示。

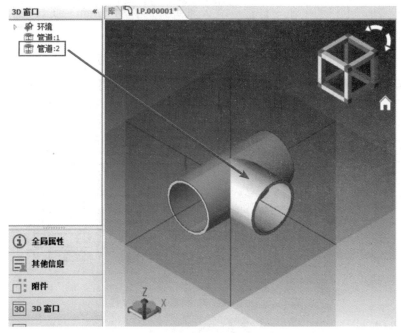

图 3-47 新建管道 2

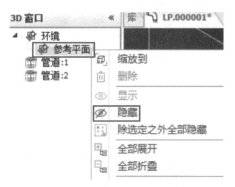

图 3-48 隐藏参考平面

13）单击【放置】选项卡中的【引导路径】按钮，【命令栏】中选中【关键点】单选按钮，在【路径直径】文本框中输入 10mm，最后选择引导路径的起点，如图 3-49 所示。

14）选择引导路径终点，并右击完成，如图 3-50 所示。

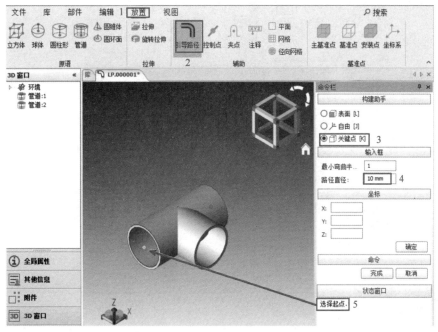

图 3-49　放置引导路径并选择起点

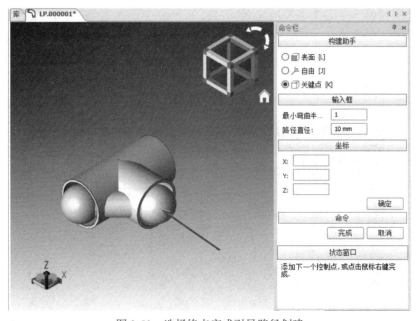

图 3-50　选择终点完成引导路径创建

15）重复单击【引导路径】按钮，在【命令栏】中选中【自由】单选按钮，在【路径直径】文本框中输入 10mm，起点选择路径 1 的终点，如图 3-51 所示。

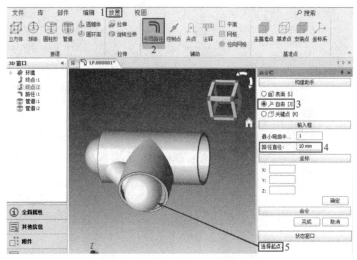

图 3-51　新建引导路径并选择起点

 提示:

　　两个路径必须共用一个终点, 在选中【自由】单选按钮的前提下, 才能选中终点 (整个终点亮显)。

　　16) 在【命令栏】中选中【关键点】单选按钮, 并选择引导路径终点, 右击完成, 如图 3-52 所示。

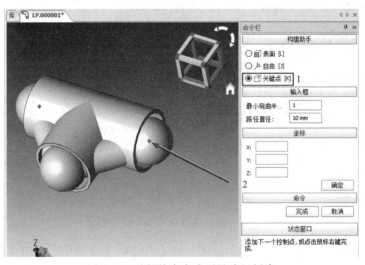

图 3-52　选择终点完成引导路径创建

17）重复单击【引导路径】按钮，创建路径 3，使用路径 1 和路径 2 的终点，如图 3-53 所示。

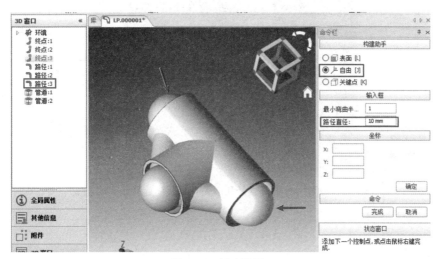

图 3-53 创建路径 3

18）在 3D 导航面板中选中所有路径，在右侧的【属性】栏中【高级】选项卡中设置路径的直径为 5mm；最大直径为 15mm。然后选中所有终点，在右侧的【属性】栏中【高级】选项卡中设置半径为 9mm，如图 3-54 所示。

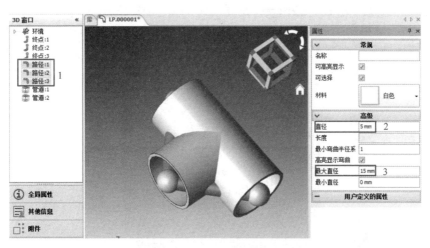

图 3-54 设置引导路径直径和最大直径及终点半径大小

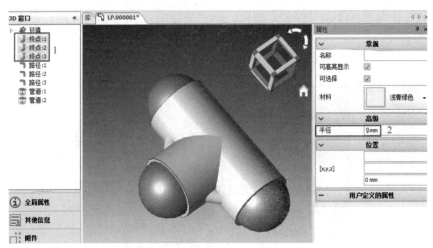

图 3-54　设置引导路径直径和最大直径及终点半径大小（续）

💡 提示:

　　路径的直径大小和终点的半径大小可以随时更改；引导路径中进行布线的束（导线、电缆等）的最大直径设置后，可以在 EPLAN Harness proD Studio 中进行检查。

　　19）单击【放置】选项卡中的【控制点】按钮，并在路径中部单击确定，如图 3-55 所示。

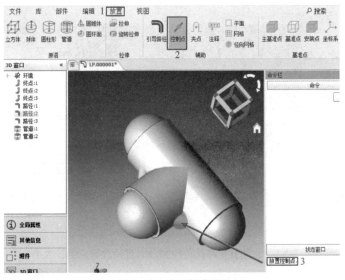

图 3-55　放置控制点

20）在 3D 工作窗口中选中控制点，通过【移动】命令调整路径的形态，如图 3-56 所示。

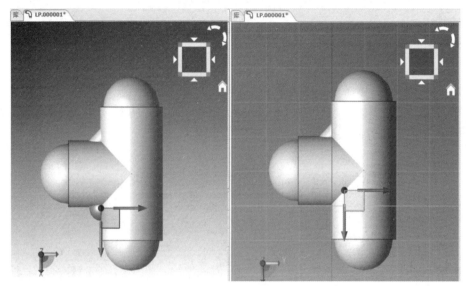

图 3-56　移动控制点

21）用同样方式在另一个路径上添加控制点并通过移动控制调整路径的形态，如图 3-57 所示。

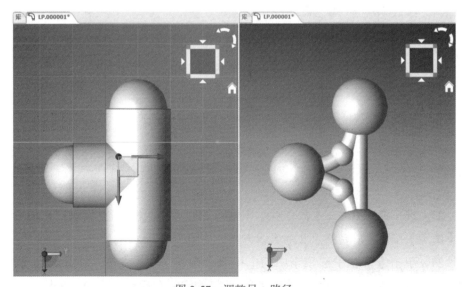

图 3-57　调整另一路径

💡 提示：

在创建和调整引导路径、控制点的过程中，应合理隐藏和显示相关对象。

22）切换至 2D 窗口，选中终点 1，单击【编辑】选项卡中的【旋转】按钮，并在【命令栏】中输入 180° 并按〈Enter〉键确定，最后单击【确定】按钮，旋转终点 1 的出线方向，如图 3-58 所示。

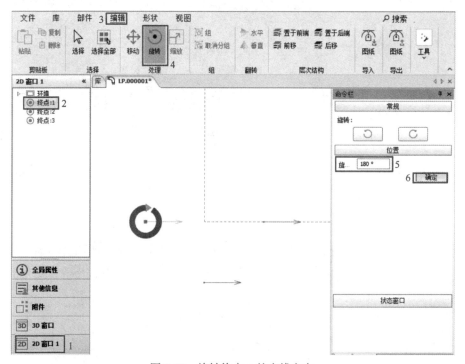

图 3-58　旋转终点 1 的出线方向

23）选中终点 2，在【命令栏】中输入 –90° 并按〈Enter〉键确定，最后单击【确定】按钮，旋转终点 2 的出线方向，如图 3-59 所示。

24）单击【形状】选项卡中的【折线】按钮，在【命令栏】中输入坐标（X：–20mm，Y：10mm），并按〈Enter〉键确定，最后单击【确定】按钮，如

图 3-60 所示。

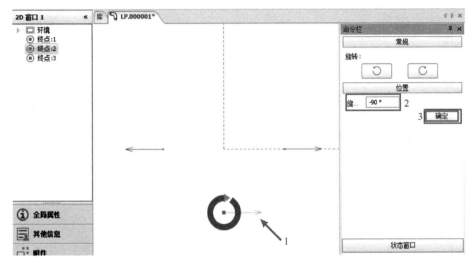

图 3-59　旋转终点 2 的出线方向

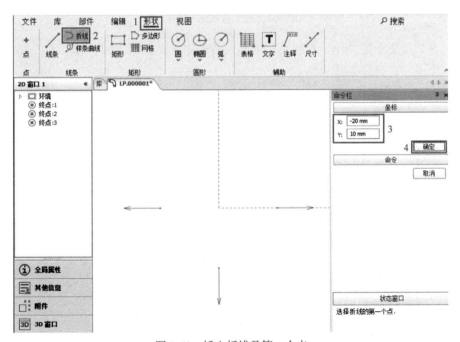

图 3-60　插入折线及第一个点

25）在【命令栏】中选择距离模式，输入长度为 40mm、角度为 0，并按〈Enter〉键确定，最后单击【确定】按钮，如图 3-61 所示。

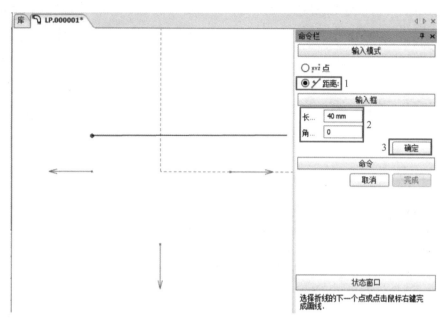

图 3-61　确定折线第二个点

26）重复上述操作，直到完成图形，右击完成，如图 3-62 所示。

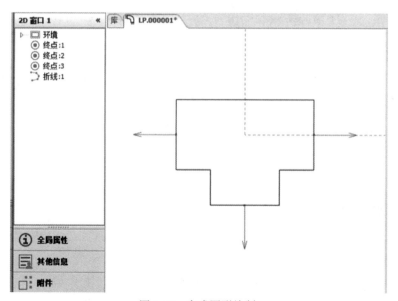

图 3-62　完成图形绘制

27）保存并关闭部件视图，创建完成的引导部件预览信息如图 3-63 所示。

图 3-63　创建完成的引导部件预览信息

 提示：

对于部件的 2D 窗口中的图形，也可以通过【编辑】选项卡中的【图形】按钮导入 .dwg/.dxf 图纸。

3.2.3　新建导线

导线结构如图 3-64 所示，导线是线束的主要材料之一，也是构成线束的必不可缺的原材料，其主要功能是传输电流与信号。一般来说，导线由两部分组成：位于中间用于传导电流的导体和外部用于保护和绝缘的绝缘皮（外壳）。

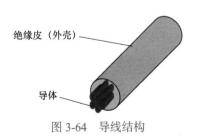

绝缘皮（外壳）

导体

图 3-64　导线结构

1）新建部件，新部件类型为电气组件，部件子类型为导线。输入部件编号及类别，并在【属性】栏中输入截面积和外径，如图 3-65 所示，单击【完成】按钮。

图 3-65 新建导线

提示:

截面积和外径可以不填，后续在【导线】窗口中完善即可。

2）在【全局属性】窗口中完善导线相关的基础信息，如图 3-66 所示。

图 3-66 设置全局属性

- 【系列】栏：EPLAN。
- 【外部编号】栏：
  - ➢ 数量：W-000001；

> 类型：供应商；

> 公司：EPLAN GmbH & Co.KG。

- 【部件状态】栏：已发布。

- 【成本 / 单位】栏：0.2 €。

- 【重量 / 单位】栏：0.16kg/m。

- 【交付周期（天 / 周）】栏：2d。

- 【温度范围】栏：-10~110℃。

- 【产品颜色】栏：BU。

- 【数量 / 包装】栏：1000。

- 选中【在物料清单中使用】复选框。

3）在【导线】窗口中完善导线相关的技术参数，如图 3-67 所示。

图 3-67　设置导线参数

- 【截面积】栏：1.5mm^2。

- 选中【有绝缘层】复选框。

- 【外径】栏：4mm。

- 【最小弯曲半径系数】栏：4。

- 【颜色】栏：蓝色。

- 【最大电阻】栏：37.5 Ohm/km。

- 【最大电压】栏：220V。

- 【最大电流】栏：16A。

 提示：

导线如果是多色线，如黄绿线，则选中【条颜色】复选框并选择条颜色；最小弯曲半径系数值为 4，表示导线外径的 4 倍。

4）保存部件，完成创建的导线如图 3-68 所示。

图 3-68　完成创建的导线

3.2.4　新建电缆

电缆结构如图 3-69 所示，其通常是由几根或几组（每组至少两根）导线绞合而成，每组导线之间相互绝缘，并常围绕着一根中心扭成，整个外面包有高度绝缘的覆盖层。

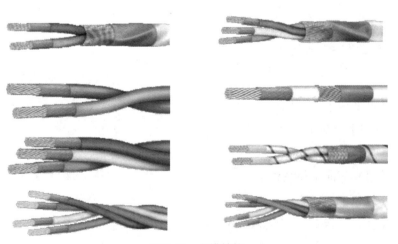

图 3-69　电缆结构

1）新建部件，新部件类型为电气组件，部件子类型为电缆。输入部件编号及类别，如图 3-70 所示，然后单击【完成】按钮。

图 3-70 新建电缆

 提示：
电缆的外径需要通过电缆结构计算得出，此处不输入数值。

2）在【全局属性】窗口中完善电缆相关的基础信息，如图 3-71 所示。

图 3-71 设置全局属性

- 【系列】栏：EPLAN。
- 【外部编号】栏：
  - ➢ 数量：CAB-000001；
  - ➢ 类型：供应商；
  - ➢ 公司：EPLAN GmbH & Co.KG。
- 【部件状态】栏：已发布。
- 【成本 /单位】栏：2€。
- 【重量 / 单位】栏：0.4kg/m。
- 【交付周期（天 / 周）】栏：10d。
- 【温度范围】栏：-30~140℃。
- 【产品颜色】栏：GY。
- 【数量 / 包装】栏：1。
- 选中【在物料清单中使用】复选框。

3）切换至【电缆】窗口，在【导线列表】栏中添加绝缘层，并设置参数，如图 3-72 所示。

图 3-72　添加绝缘层并设置参数

4）在绝缘层下新增屏蔽层 1（SH1）并完成相关的参数，如图 3-73 所示。

图 3-73　设置屏蔽层 1 参数

提示：

　　选中【导电】复选框，则在 EPLAN Harness proD Studio 中可以将屏蔽作为导线连接到管脚或映射到管脚组。

5）在 SH1 结构下新添加导线并设置参数，如图 3-74 所示。

图 3-74　添加导线并设置参数

6）通过同样的操作，新增导线 2~4 并设置参数，如图 3-75 所示。

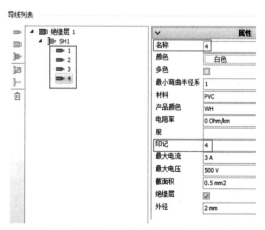

图 3-75　新增导线并设置参数

7）在绝缘层下新增屏蔽层 2（SH2）并设置参数，如图 3-76 所示。

图 3-76　新增屏蔽层 2 并设置参数

8）在屏蔽层 2 下新增双绞，双绞系数为 2，如图 3-77 所示。

图 3-77　新增双绞

9）在双绞结构下新增两根导线，并设置参数，如图 3-78 所示。

图 3-78　双绞结构下新增导线并设置参数

10）完成电缆结构后，单击【自动计算】按钮，得到该电缆结构下的电缆外径，并完善最小弯曲半径系数和最大电压，如图 3-79 所示。

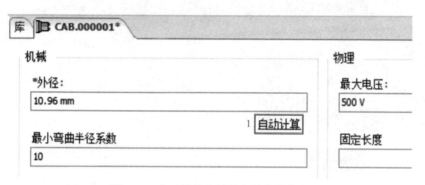

图 3-79　自动计算电缆外径并完善信息

11）保存部件，完成创建的电缆如图 3-80 所示。

图 3-80　完成创建的电缆

 提示：

　　创建的电缆结构应与实际电缆手册中的信息一致，才能更好地保证在 EPLAN Harness proD Studio 中的设计效果和设计验证。

3.2.5　新建接线端子

　　接线端子实例如图 3-81 所示，即冷压接线端子，又名线鼻子，一般由金属导体制成，用来连接电线和相匹配端的连接器，从而实现使信号或功率传输。接线端子表面一般镀有金、镍、锡、银等金属。金属镀层起到低接触阻抗、耐氧化、不易磨损的功能。接线端子种类很多，常用的有叉型裸端子、圆形预绝缘端子、管型预绝缘端子、窥口铜鼻子、DT 线鼻子、OT 开口端子等。

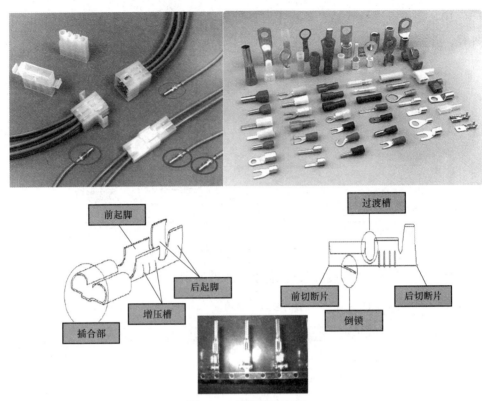

图 3-81 接线端子实例

1）新建部件，新部件类型为附件零件和附件，部件子类型为接线端子。输入部件编号及类别，并在【属性】栏中输入截面积和外径，如图 3-82 所示，然后单击【完成】按钮。

图 3-82 新建接线端子

提示:

　　接线端子的截面积是指可以压接导线的截面积,是一个范围;同理,外径表示可以压接导线的外径范围。

2)在【全局属性】窗口中完善接线端子相关的基础信息,如图3-83所示。

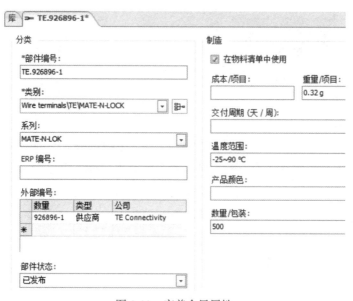

图3-83　完善全局属性

- 【系列】栏:MATE-N-LOK。
- 【外部编号】栏。
  - ➢ 数量:926896-1;
  - ➢ 类型:供应商;
  - ➢ 公司:TE Connectivity。
- 【部件状态】栏:已发布。
- 【重量/项目】栏:0.32g。
- 【温度范围】栏:−25~90℃。
- 【数量/包装】栏:500。
- 选中【在物料清单中使用】复选框。

3)切换至【接线端子】窗口,完善接线端子技术参数,如图3-84所示。

图 3-84　设置接线端子技术参数

💡 **提示：**

选中【需要绝缘层压接】复选框，在 EPLAN Harness proD Studio 中使用【自动放置附加零件】命令时，将根据导线的截面积和外径附加接线端子，并且 Studio 中的附加零件尺寸任务将检查这些值。如果未选中【需要绝缘层压接】复选框，仅根据导线的截面积附加接线端子和执行任务检查。

4）新增【2D 窗口】，单击【编辑】选项卡中的【图纸】按钮，导入 .dwg 文件，如图 3-85 所示。

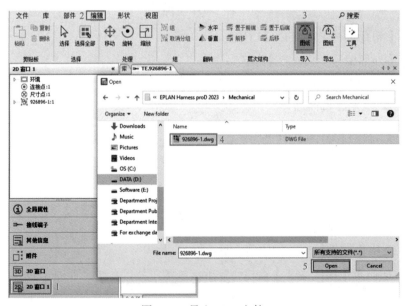

图 3-85　导入 .dwg 文件

5）将符号放置到合适的位置后，在 2D 导航面板中选中符号并右击，在弹出的快捷菜单中选择【破裂符号】命令，如图 3-86 所示。

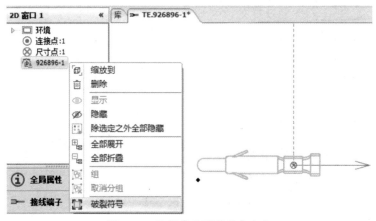

图 3-86　选择【破裂符号】命令

6）破裂符号后，将符号设置为钉板图及电缆图纸的默认符号，如图 3-87 所示。

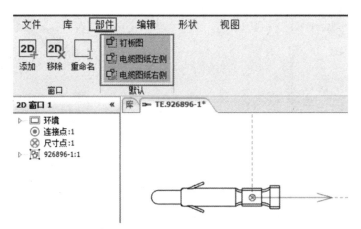

图 3-87　设置钉板图及电缆图纸的默认符号

7）切换至【其他信息】窗口，并在预览栏里加载图片，如图 3-88 所示。

8）保存部件，完成创建的接线端子如图 3-89 所示。

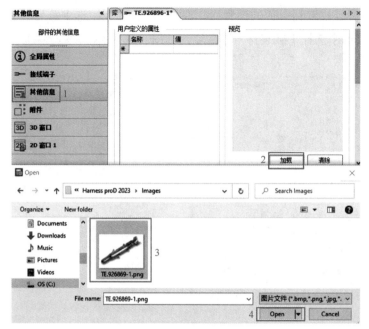

图 3-88　加载图片

图 3-89　完成创建的接线端子

 提示:

接线端子可以用非图形方式放置在连接到某个管脚的导线末端或直接放置在管脚上。因此不需要在 3D 窗口中增加三维模型,而是直接在 2D 窗口中放置二维图形。

3.2.6 新建表面保护材料

表面保护材料如图 3-90 所示，是线束非常重要的零部件，它们为线束提供保护作用。线束的胶带、波纹管、编织套管都属于这一范畴。

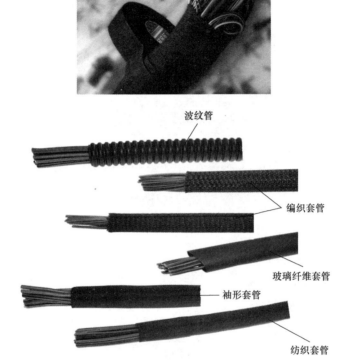

图 3-90 表面保护材料

1）新建部件，新部件类型为表面保护材料，部件子类型为编织套管。输入部件编号及类别，并在【属性】栏中输入直径，如图 3-91 所示，然后单击【完成】按钮。

 提示：

直径表示编织套管可以包裹的线束的直径范围。

图 3-91 新建编织套管

2）在【全局属性】窗口中完善编织套管相关的基础信息，如图 3-92 所示。

图 3-92　完善全局属性

- 【系列】栏：EPLAN。
- 【外部编号】栏：
  - ➢ 数量：BS.000001；
  - ➢ 类型：供应商；
  - ➢ 公司：EPLAN GmbH & Co.KG。
- 【部件状态】栏：已发布。
- 【成本 / 单位】栏：0.45 €。
- 【重量 / 单位】栏：0.15kg/m。
- 【交付周期（天 / 周）】栏：15d。
- 【温度范围】栏：–20~130℃。
- 【产品颜色】栏：RD。
- 【数量 / 包装】栏：100。
- 选中【在物料清单中使用】复选框。

3）切换至【编织套管】窗口，完善编织套管技术参数和指定材料以及影线样式，如图 3-93 所示。

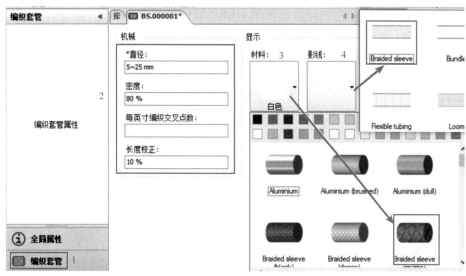

图 3-93　设置编织套管参数

4）保存部件，完成创建的编织套管如图 3-94 所示。

图 3-94　完成创建的编织套管

3.3　部件管理

3.3.1　版本控制

1. 新变量

部件变量是部件编号相同但部件变量标识符不同的部件，通过部件变量可以管理拥有多个变量的部件或自定义部件。同一部件的不同部件变量可能共享某些属性，这意味着在一个部件变量中更改这些属性也会在同一部件的所有其他变量中更改这些属性，如部件编号、ERP 编号和外部编号等。某些属性数据是不共享的，并且对每个变量都是唯一的，如 2D 和 3D 窗口。

1）选中部件，单击【库】选项卡中的【新变量】按钮，输入变量为 2，单击【确定】按钮，如图 3-95 所示。

图 3-95　新变量

2）在【3D 窗口】中将 2 号管脚颜色改为青绿色，如图 3-96 所示。

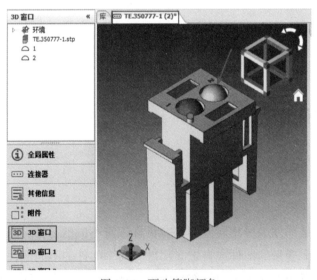

图 3-96　更改管脚颜色

3）保存后，可以在库视图界面中看到同一部件编号下有两个不同变量的部件，如图 3-97 所示。

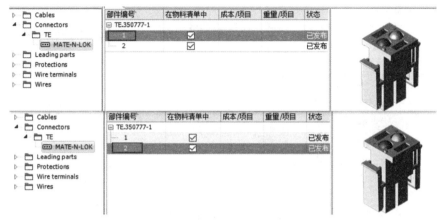

图 3-97　不同变量的对比

2. 新次要版本

创建当前所选部件的副本，并增加次要版本。如果原始部件的版本为 1.0，则新次要版本将设置为 1.1。副本将直接在部件环境中打开，且新次要版本会保留原始项目的部件编号。

1）选中部件，单击【库】选项卡中的【新次要版本】按钮，如图 3-98 所示。

图 3-98　【新次要版本】按钮

2）更改相关信息后，保存并关闭部件视图。在库视图界面中，将有两个相同部件编号但次要版本不同的部件存在，如图 3-99 所示。

图 3-99　次要版本对比

3）选中低版本的部件，在【全局属性】中将【部件状态】更改为过时，如图 3-100 所示。

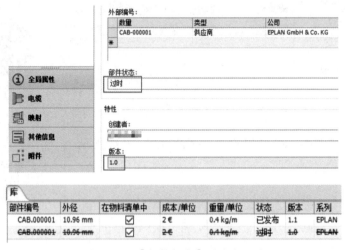

图 3-100 　【部件状态】更改为过时

 提示：

全局属性里不可调整部件编号，否则将无法回退；低版本的部件，其状态一定要调整为过时。因为只有过时的部件才不会被 EPLAN Harness proD Studio 所使用；使用 EPLAN Electric P8 SQL 数据库时此选项不可用，因其不支持部件版本。

3. 新版本

创建当前所选部件的副本，并增加版本。如果原始部件的版本为 1.0，则新版本将设置为 2.0。副本将直接在部件环境中打开，且新版本会保留原始项目的部件编号。

操作步骤请参考"新次要版本"。

3.3.2　批处理操作

批处理操作是一组工具，可以批量编辑库中保存的现有部件，如批量增量部件版本（新版本、次要版本以及修订版编号）。

单击【库】选项卡中的【批处理操作】按钮，在弹出的【运行批处理操作】

对话框中选中【增量部件版本】复选框，并激活需要执行的操作，如选中【增量修订版编号】单选按钮，单击【OK】按钮完成，如图 3-101 所示。

图 3-101　批处理操作

 提示：

　　修订版编号是每个库部件都有的隐藏属性，每次在 EPLAN Harness proD Library 中进行【保存】操作时自动增加。新部件创建时，修订版编号为 1.0.0；保存一次后，修订版编号变为 1.0.1。

3.3.3　接线端子设置

　　在 EPLAN Harness proD Library 中可以为每个连接器或其他有管脚的部件如连接物、传感器、开关、按钮等，提前设置好每个管脚对应的接线端子类型（可以是多个）。如此，在 EPLAN Harness proD Studio 中使用【自动放置附加零件】命令时，软件就可以根据管脚所连接的导线的截面积、外径自动匹配适合的接线端子（当管脚关联有多个接线端子时）。

　　在为部件的管脚添加接线端子前，应当保证同一个库中已经创建好正确的接线端子。

1）打开连接器 TE.350777-1，切换至【连接器】窗口，在【必需】选项卡中选中【接线端子】复选框，则所有管脚自动选中【需要接线端子】复选框，如图 3-102 所示。

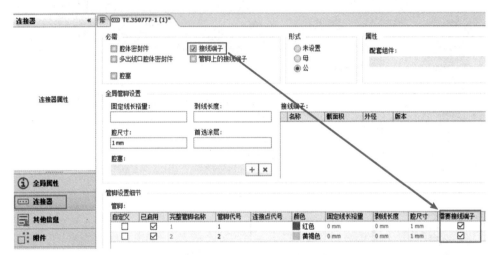

图 3-102   为所有管脚激活接线端子

2）在【全局管脚设置】的【接线端子】栏中，单击【添加】按钮，然后选择对应的接线端子部件，如图 3-103 所示。

图 3-103   添加接线端子

3）接线端子添加完成，如图 3-104 所示。

图 3-104　接线端子添加完成

如果部件的不同管脚对应不同的接线端子，则可以通过选中【管脚设置细节】中的【自定义】复选框，为每一个管脚添加接线端子，如图 3-105 所示。

图 3-105　自定义管脚接线端子

提示：

腔体密封件、腔塞以及管脚上的接线端子的添加与接线端子的添加相同。选中【接线端子】复选框，则接线端子将添加到导线端；选中【管脚上的接线端子】复选框，则接线端子将添加到未连接任何导线的管脚中，所以在管脚上放置接线端子时不会考虑导线尺寸。直接选择接线端子型号，右击，在弹出的快捷菜单中选择【移除】命令，即可移除已选择的接线端子部件。

3.3.4　部件查询

查询是一种工具，可帮助用户基于对部件部分属性的了解轻松找到部件。表 3-1 列出了查询面板工具栏中提供的命令。

表 3-1 查询面板工具栏中提供的命令

图标	描述	图标	描述
	清除查询		删除选定查询
	打开选定查询	▶	开始当前查询
	更新 / 保存当前查询	■	停止活动查询

1) 切换至【查询】窗口, 首先在【查询】选项卡中的【名称】列选择查询条件, 如部件编号; 然后在【比较】列中指定比较类型, 如 =(等于), 并在【值】列输入数值; 最后在【预定义查询】中输入自定义的查询名称并保存, 如图 3-106 所示。

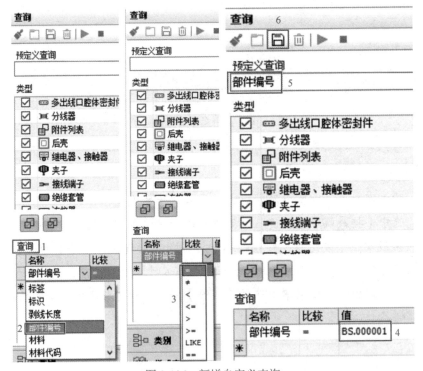

图 3-106 新增自定义查询

2) 单击【开始当前查询】按钮, 得到查询结果, 如图 3-107 所示。

3) 要再次显示所有部件和类别, 可单击【停止】按钮, 如图 3-108 所示。

图 3-107 开始当前查询及查询结果

图 3-108 停止查询

表 3-2 列出了可用的比较类型。

表 3-2 可用的比较类型

比较	描述
=	等于：仅找到一个精确匹配，不区分大小写
≠	不等于：不区分大小写
<	小于：仅对数值有效
<=	小于或等于：仅对数值有效
>	大于：仅对数值有效
>=	大于或等于：仅对数值有效
LIKE（类似）	部分等于：如果属性（至少部分）包含此值，则找到匹配，不区分大小写
==	精确等于：仅找到一个精确匹配，区分大小写

第 4 章

项目创建与管理

　　EPLAN Harness proD Studio 是一个项目环境，其包含 3D 的工作区、2D 的工作台、2D 钉板图、电缆图纸和报表。通过此环境，用户不仅可以创建线束和电缆单位，还可以在项目中包含其他文档，如电子邮件、PDF 文件、Excel 电子表格、Word 文档等。EPLAN Harness proD Studio 还可以包含多个变量、工作区、工作台、钉板图、电缆图纸和报表，并可以对所有项目相关文件进行全面控制。

本章练习的目的：

- 了解 EPLAN Harness proD Studio 的项目结构
- 掌握项目及项目模板的创建
- 了解如何管理现有项目

4.1　术语解释

　　项目是EPLAN Harness proD Studio 的主要对象，一个项目结构如图 4-1 所示。

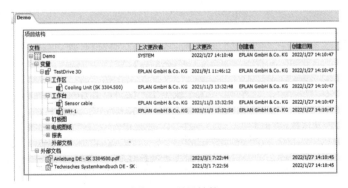

图 4-1　项目结构

4.1.1 变量

变量通常表示为线束设备的各种"机械"配置,变量还可以定义"电气"配置。

假定为汽车创建一个线束,汽车车体有两个版本(如四门轿车和旅行车),这些车体版本称为"变量"。每种车体版本还有不同的设备层级,如基本型、增强型和旗舰型,这些在 EPLAN Harness proD Studio 中称为"电气配置"。每个设备层级又有单独单元,如 ABS、空调、声音系统等的配置,这些称为"电气选项"。

4.1.2 工作区

工作区是一个 3D 环境,在此环境中,将加载机械 3D 模型并执行线束设计,随后 3D 线束模型将作为钉板图、电缆图纸和报表等输出的来源。

4.1.3 工作台

工作台环境主要侧重于二维线束设计。工作台可使用户通过模仿 2D 制造图纸来设计线束,而不必为 3D 机械模型所困扰。它是一个锁定了 Z 轴的 3D 环境,但是 Z 轴未完全锁定。如果需要,按住〈Shift〉键则可以轻松地将工作台环境转换为工作区环境。

4.1.4 钉板图

钉板图环境根据所选的工作区 / 工作台来创建 2D 钉板图,方法是将 3D 线束平面化为 2D 图纸,从而准备线束的最终制造图纸。这些制造图纸可以用于线束制造。

4.1.5 电缆图纸

电缆图纸环境根据所选的工作区 / 工作台来创建 2D 电缆图纸,方法是将电缆单位平面化为 2D 图纸,从而准备电缆装配体的最终制造图纸。这些制造图纸可以用于电缆制造。

4.1.6 报表

报表环境是一种工具,可通过所选工作区 / 工作台生成必要的制造报表,如导线列表、电缆报表、物料清单等。

4.1.7　外部文档

外部文档选项的目的是将项目文档与项目保持在一起，可以附加任何类型的文件。外部文档可以附加到项目本身或附加到其中的任意变量。附加的外部文档将复制到项目文件夹中，且保留原始文件。

4.2　项目创建

要在 EPLAN Harness proD Studio 中设计线束以及对应的输出和文档，如钉板图、电缆图纸和报表，首先需要创建一个新项目。创建新项目的前提条件是软件没有任何打开的项目。

4.2.1　创建新项目

1）选择【文件】选项卡，进入后台视图，在【新建】中选择【Empty project】（空白项目），或直接在用户界面下选择【新建项目】中的【新建空项目】，或按〈Ctrl+N〉组合键，如图 4-2 所示。

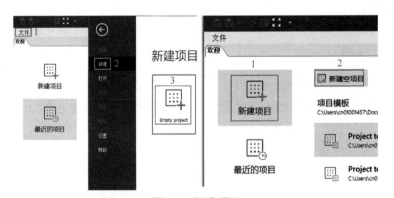

图 4-2　新建项目

2）在【新建项目】对话框中输入新项目名称以及指定项目存放路径，单击【下一步】按钮，如图 4-3 所示。

3）设置项目变量数量及名称，这里使用默认值即可，单击【下一步】按钮，如图 4-4 所示。

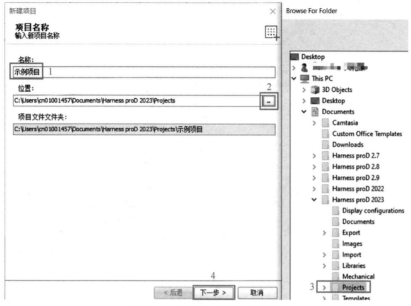

图 4-3　【新建项目】对话框

图 4-4　设置项目变量数量及名称

 提示:

　　变量数量和变量名称可以直接在【项目结构】选项卡中进行编辑。

　　4）选中【设置默认项目库】复选框,单击【……】按钮,找到所需的库连接(*.hxcn 文件)并打开,单击【完成】按钮完成项目创建,如图 4-5 所示。

图 4-5   设置项目库连接

5) 完成项目创建后, 自动进入项目视图界面, 如图 4-6 所示。

图 4-6   项目视图界面

如果在创建项目时未设置默认库，则可以通过项目视图的【一般信息】栏设置库连接，如图 4-7 所示。

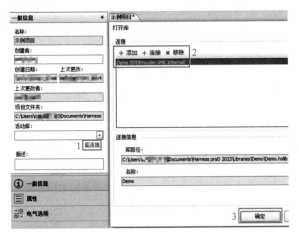

图 4-7　设置库连接

 提示:

　　库连接设置可以保证用户在设计过程中随时使用不同的部件库。

4.2.2　通过项目模板创建项目

1）选择【文件】选项卡，进入后台视图，在【新建】中选择需要的项目模板，或直接在用户界面下选择需要的项目模板，然后选择【通过模板新建项目】，如图 4-8 所示。

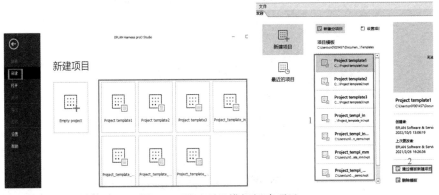

图 4-8　通过项目模板新建项目

2）如果项目模板列表为空，则单击【设置项目模板文件夹】按钮，浏览到包含模板的位置，单击【OK】按钮，如图 4-9 所示。

图 4-9　选择项目模板位置

4.3　项目管理

4.3.1　打开已有项目

1. 从文件系统打开项目

在项目视图界面【最近的项目】栏中选择【打开现有项目】，浏览找到项目文件（.hxproj）所在目录，单击【Open】按钮完成，如图 4-10 所示。

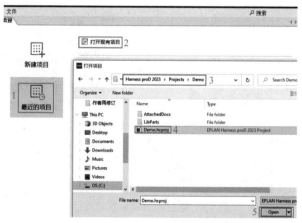

图 4-10　从文件系统打开项目

2. 从项目历史打开项目

在项目视图界面【最近的项目】中选择需要打开的历史项目，单击【打开项目】按钮，或直接双击列表中的项目名称，随后项目即被打开，如图 4-11 所示。

图 4-11　从项目历史打开项目

4.3.2　项目备份

EPLAN Harness proD Studio 可以随时创建项目及其当前状态的备份，备份文件的扩展名为 .hxzproj。

1）打开需要备份的项目。

2）在项目视图界面中选择【文件】选项卡，进入后台视图，在【信息】栏中选择【备份】，如图 4-12 所示。

图 4-12　项目备份

3）选择备份文件存储的路径并输入备份文件名称，单击【Save】按钮，如图 4-13 所示。

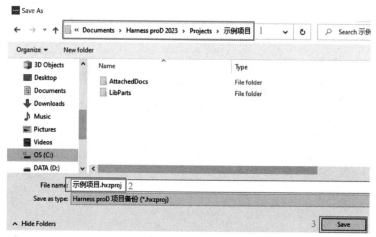

图 4-13　给定路径和名称并保存

4.3.3　项目恢复

当需要时便可以恢复项目备份，备份文件的扩展名为 .hxzproj。项目恢复的前提条件是软件没有任何打开的项目。

1）在项目视图界面中选择【文件】选项卡，进入后台视图，在【打开】栏中选择【恢复备份】，如图 4-14 所示。

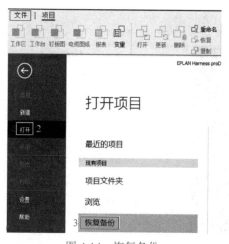

图 4-14　恢复备份

2）选择备份文件（.hxzproj），单击【Open】按钮，如图 4-15 所示。

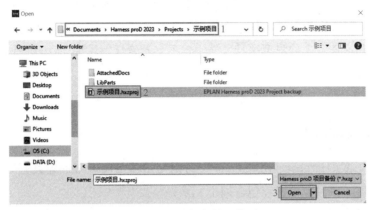

图 4-15　选择备份文件

3）输入项目的新名称并指定恢复项目的存储路径，单击【完成】按钮恢复项目如图 4-16 所示。

图 4-16　恢复项目

 提示：

　　如果在同一路径下恢复的项目与原有项目名称相同，则必须选中【覆盖现有项目】复选框来恢复项目，系统会提示是否覆盖；选中【先清理项

目文件夹】复选框，会从磁盘中删除整个项目文件夹，然后恢复项目。选中
【覆盖现有项目】复选框时，此复选框变为可用；选中【不清理备份】复选
框，将删除磁盘上的现有项目文件，但不会删除任何现有 .hxzproj 备份文件，
然后恢复项目；选中【先清理项目文件夹】复选框时，此复选框变为可用。

4.3.4　创建项目模板

在 EPLAN Harness proD Studio 中可以使用项目模板来创建具有某些预定义
特征的项目。项目模板可以包含以下元素：

- 项目结构；
- 电气配置和电气选项；
- 钉板图 / 电缆图纸显示配置集：与项目模板一起保存的所有现有显示配
  置将应用于通过模板创建的所有项目；
- 单位、键盘快捷键、报表和其他设置；
- 活动库。

1）打开需要保存为模板的项目，在项目视图界面中选择【文件】选项卡，
进入后台视图，在【信息】栏中选择【另存为模板】，如图 4-17 所示。

图 4-17　另存为模板

2）选择模板存放路径，输入模板名称，单击【Save】按钮，弹出保存成功界面，如图 4-18 所示。

图 4-18   选择存储路径并保存

3）重新启动 EPLAN Harness proD Studio，在用户界面【新建项目】栏中即可看到刚创建好的项目模板，如图 4-19 所示。

图 4-19   创建好的项目模板

4.3.5　清理项目

在 EPLAN Harness proD Studio 工作区、工作台、钉板图或电缆图纸中放置的每一个库或导入的对象都存储在项目文件夹中，这种情况使得项目独立于库和其他数据源。从某个环境中删除此类对象后，此类对象仍会保留在项目文件夹中。

清理项目用于删除未使用的对象文件，以便将项目数据量缩减到最小。

1）打开需要清理的项目，从钉板图、电缆图纸、工作区和工作台删除所有不需要的对象，保存并关闭所有已打开的项目文档。

2）选择【文件】选项卡，进入后台视图，在【信息】栏中选择【清理】即可，如图 4-20 所示。

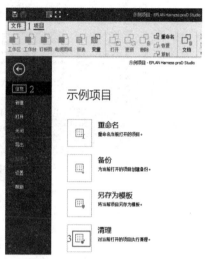

图 4-20　清理项目

4.3.6　关闭项目

选择【文件】选项卡，进入后台视图，选择【关闭】即可关闭项目，如图 4-21 所示。

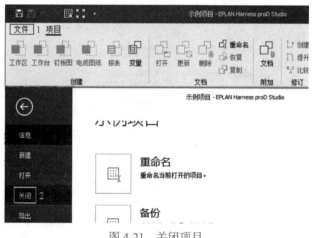

图 4-21　关闭项目

提示:

当直接打开另一个项目时，已经打开的项目将自动关闭。

4.3.7　重命名项目

在【项目结构】中选择项目名称，单击【项目】选项卡中的【重命名】按钮，即可更改项目名称，如图 4-22 所示。

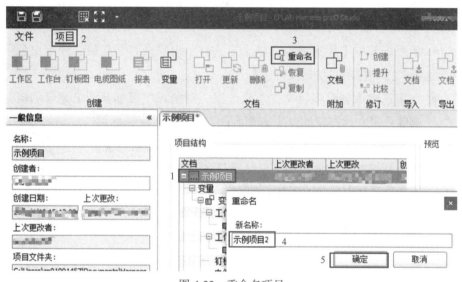

图 4-22　重命名项目

 提示:

也可选择【文件】选项卡，在后台视图中的【信息】栏里选择【重命名】。

4.3.8　删除项目

先关闭项目，之后在【最近的项目】栏中选择需要删除的项目，然后选择【删除项目】即可，如图 4-23 所示。

图 4-23　删除项目

- 如果不选中【删除项目文件】复选框，则只是删除项目打开历史记录，同时【删除项目备份文件】复选框不可选。
- 如果选中【删除项目文件】复选框，则删除项目打开历史记录的同时，删除项目文件夹，此时【删除项目备份文件】复选框可选。
- 如果不选中【删除项目备份文件】复选框，则项目备份文件（.hxzproj）不会被删除；如果选中【删除项目备份文件】复选框，则整个项目文件夹（包括其中的所有文件）将被删除。

第 5 章
3D 布局及路径规划设计

　　线束如图 5-1 所示，它是用于传递信息信号或操作信号的成串导线、电缆的总合，是在两个或多个孤立不通的电子电路之间架起沟通的桥梁，从而能够使电流流通，实现各种电子元器件的各个功能。如果把人比喻为一台机器，那么线束就相当于人的神经系统。所以，线束是各种电器和电子设备中不可缺少的部件。

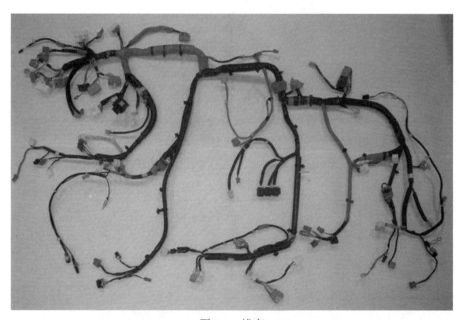

图 5-1　线束

本章练习的目的：

- 认识工作区环境
- 认识 EPLAN Harness proD Studio 对象
- 掌握在工作区环境下的 3D 布局设计
- 掌握在工作区环境下的路径规划设计

5.1　术语解释

5.1.1　线束组成

线束一般由连接器、接线端子、导线和电缆、线束表面保护材料（如波纹管、胶带等）以及线束固定件（如卡扣、橡胶件等）几大部分组成，如图 5-2 所示。

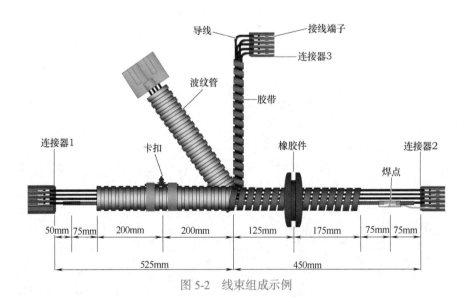

图 5-2　线束组成示例

5.1.2　束

束是一个虚拟对象，其将导线或电缆分组，并确定其路径的形状，因此习惯上把束称为路径。由于束不是物理实体，因此与物料清单无关。

5.1.3 工作区界面

工作区是一个 3D 环境，在此环境中，将加载机械 3D 模型并执行线束设计。工作区界面如图 5-3 所示。

图 5-3　工作区界面

工作区环境由导航面板、工作窗口、属性栏、功能区以及快速访问工具栏组成。

- **导航面板**：显示在左侧边栏（默认），并且包含一般信息、属性、树型视图、放置记录、书签、全局搜索。
- **工作窗口**：设计线束的位置，位于 EPLAN Harness proD Studio 屏幕中心（默认），可以在工作窗口中平移、缩放和旋转对象和视图。
- **属性栏**：显示在右侧边栏中（默认）并且显示当前所选对象的属性。可以编辑这些属性以更好地适合用户需求。
- **功能区**：EPLAN Harness proD Studio 工作区操作命令的集合。
- **快速访问工具栏**：由常用命令构成，如保存、撤销、关闭等，以便快速访问。

5.1.4　视图控制

在 EPLAN Harness proD Studio 中可以通过普通鼠标进行视图的灵活控制。按住鼠标滚轮并移动鼠标，即可旋转视图，如图 5-4 所示。

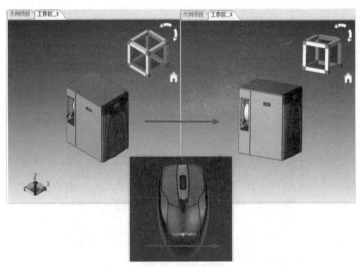

图 5-4　旋转视图

同时按住鼠标滚轮和〈Shift〉键并移动鼠标，即可平移视图，如图 5-5所示。

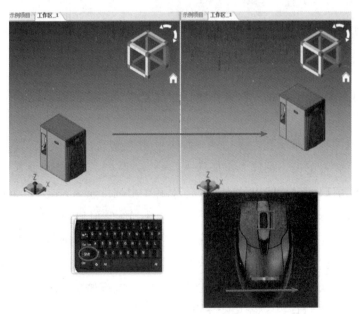

图 5-5　平移视图

也可以通过预定义的【视图】控制命令实现特定视图的快速切换，如图 5-6 所示。

图 5-6 预定义的【视图】控制命令

5.1.5 导航立方体

导航立方体及其主按钮如图 5-7 所示，其位于工作窗口右上角，用于将视图设置为距所选视图的最近方向。按住〈Shift〉键，同时单击导航立方体，则可设置所选视图的标准方向。单击主按钮，视图将设置为定义的视图。可通过按住〈Shift〉键 + 主按钮保存用户定义的主视图。

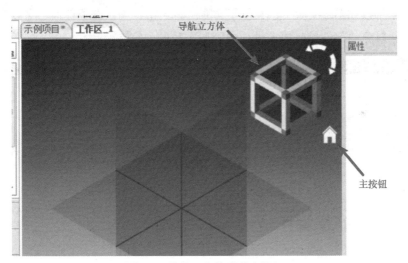

图 5-7 导航立方体及其主按钮

5.1.6 旋转控件

旋转控件如图 5-8 所示，其位于工作窗口右上角，用于顺时针或逆时针将视图旋转 90°。

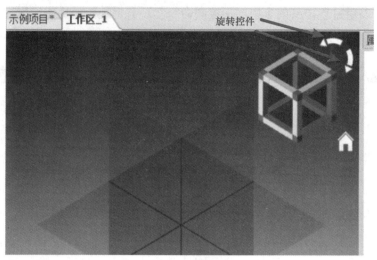

图 5-8　旋转控件

5.1.7　搜索字段

搜索字段如图 5-9 所示，其位于功能区右上角，用于查找任何命令或查找对象，这些对象的部件编号或属性中包含所查找的内容。

图 5-9　搜索字段

5.2　3D 布局设计

5.2.1　部件库准备

1）打开示例库，如图 5-10 所示。

 提示：

　　该库的创建请参考 2.2 节"库创建"，该库的部件创建请参考 3.2 节"部

件创建"。如果不想从零开始创建部件，可以直接导入本书配套的资源压缩
包中 EPLAN Harness proD 2023\Libraries 文件夹中的示例库 .hxexp。

图 5-10　打开示例库

2）在示例库中导入库文件 Demo.hxexp，如图 5-11 所示。

图 5-11　导入库文件

提示：

　　该库文件的创建请参考 2.3.2 小节"导出库数据"。如果不想从零开始创建部件，可以直接导入本书配套的资源压缩包中 EPLAN Harness proD 2023\Libraries 文件夹中的示例库 .hxexp。

　　3）在导入库文件过程中，如果出现部件冲突，则务必单击【跳过】按钮，如图 5-12 所示。

图 5-12　跳过冲突部件

5.2.2　项目准备

　　1）打开示例项目，如图 5-13 所示。

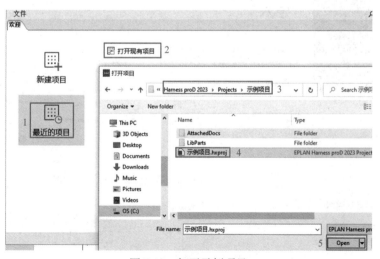

图 5-13　打开示例项目

提示:

项目的创建请参考 4.2 节 "项目创建"。

2)在【一般信息】栏中关联活动库:示例库,如图 5-14 所示。

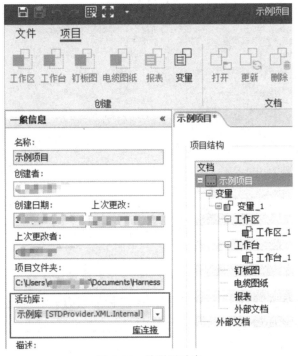

图 5-14 关联活动库

提示:

活动库的关联请参考 4.2.1 小节 "创建新项目"。

3)在【项目结构】中选择工作区 _1,然后单击【项目】选项卡中的【打开】按钮,或者双击,打开工作区,如图 5-15 所示。

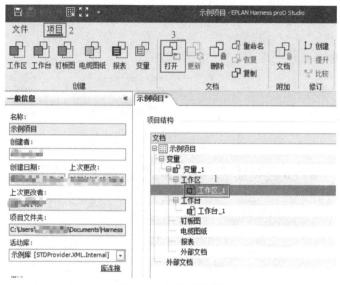

图 5-15　打开工作区

5.2.3　加载机械模型

在 EPLAN Harness proD Studio 工作区中有两种方式可以加载机械模型：一种是将机械模型定义在库中，然后从库中插入工作空间中；另一种是将机械模型直接导入工作空间中。

两种加载机械模型的区别：第一种加载方式在导出工作区模型时，可通过设置导出线束和机械结构一体的模型；第二种加载方式在导出工作区模型时，可单独导出机械结构模型。

1. 从库中放置

1）单击【放置】选项卡中的【部件】按钮，在【部件浏览器】对话框中找到 Parts → RITTAL → Chiller 类别下的部件编号为 RIT.Chiller Blue e+ 的部件，双击该部件确定，如图 5-16 所示。

 提示：

如果功能区的命令是"灰色的"的，则不可用，这意味着当前没有连接库，必须关联活动库到项目中，请参考 4.2.1 小节"创建新项目"；如果部件库中未找到部件编号为 RIT.Chiller Blue e+ 的部件，请参考 5.2.1 小节"部件库准备"。

图 5-16　放置部件 RIT.Chiller Blue e+

2）在命令栏中输入 X/Y/Z 的坐标值（均为 0mm），按〈Enter〉键确定，然后单击【确定】按钮完成放置，如图 5-17 所示。

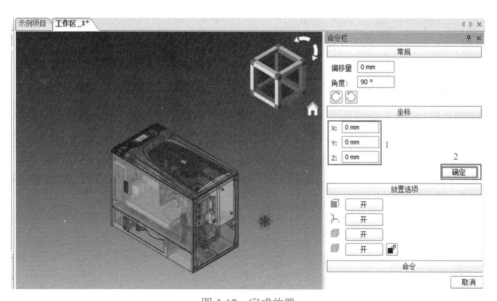

图 5-17　完成放置

3）插入的部件模型如图 5-18 所示。

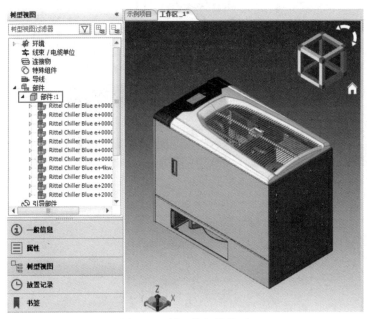

图 5-18　插入的部件模型

2. 直接导入

EPLAN Harness proD Studio 支持直接导入多款主流 MCAD 源文件，如

Autodesk Inventor、SolidWorks、Pro/ENGINEER&Creo、CATIA、SolidEdge 等；也支持导入 STEP、IGES、JTOpen 等中性格式。EPLAN Harness proD Studio 支持直接导入的格式，如图 5-19 所示。

1）单击【工作区】选项卡中的【3D 模型】按钮，找到 3D 模型存储路径并选择对应的 3D 模型（Chiller.stp），然后单击【Open】按钮导入 3D 模型，如图 5-20 所示。

图 5-19　EPLAN Harness proD Studio 支持
直接导入的格式

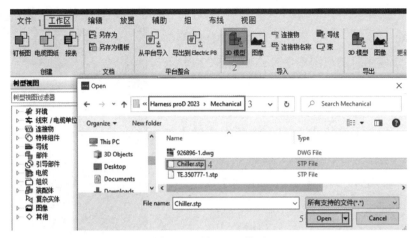

图 5-20　导入 3D 模型

 提示：

　　本书配套的 3D 模型存储在配套的资源压缩包中 EPLAN Harness proD 2023\Mechanical 文件夹中。

2）导入模型后，单击【视图】选项卡中的【ISO】按钮，如图 5-21 所示。

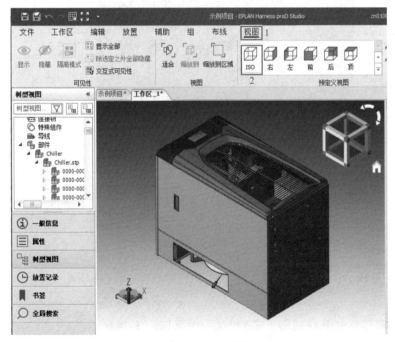

图 5-21　导入的模型

ISO 视图下，可以看出工作区的 3D 模型与
设备正常使用时的视图不一致，如图 5-22 所示，
因此需要对其进行旋转调整。

3）在导航面板中选中【部件】节点下的
Chiller，单击【编辑】选项卡中的【旋转】按
钮，在【命令栏】中输入旋转角度 90°，按
〈Enter〉键确认，最后单击【旋转 X】按钮，如
图 5-23 所示。

图 5-22　设备的正常视图

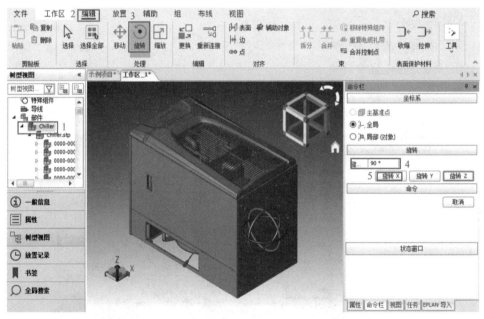

图 5-23　旋转模型

 提示：

【旋转】命令的更多信息请参考 3.2.1 小节"新建连接器"。

4）调整后的 ISO 视图下 3D 模型的效果如图 5-24 所示。

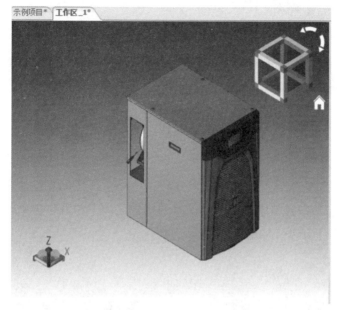

图 5-24　ISO 视图下 3D 模型的效果

5）3D 模型视图调整完成后，在导航面板中选中部件，在右侧【属性】栏的
【位置】中单击【固定】按钮，效果如图 5-25 所示。

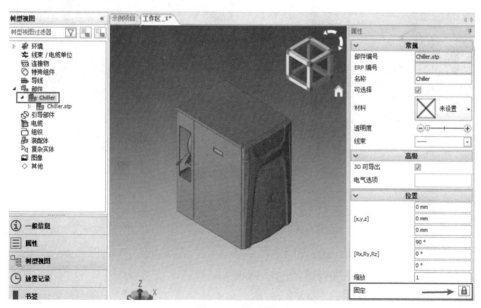

图 5-25　固定模型

提示：

　　3D 模型调整视图完成后，必须单击【固定】按钮，以避免误操作，引起 3D 模型移动或旋转，从而影响设计精度或造成设计返工。

5.2.4　隐藏 / 显示机械结构

　　为便于后续电气器件的 3D 部件和路径规划，需要对机械结构进行合理的隐藏或显示。在工作窗口中选中需要隐藏的机械结构，右击，在弹出的快捷菜单中选择【隐藏】命令，如图 5-26 所示。

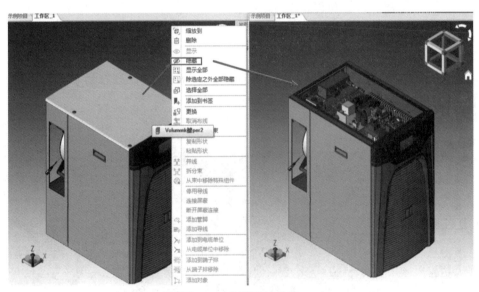

图 5-26　隐藏机械结构

　　通过同样的操作，隐藏左右侧板及前挡板，如图 5-27 所示。

　　如果在隐藏机械结构的过程中隐藏了不应该隐藏的机械结构对象，此时是无法通过【撤销】命令进行返回的，只能在左侧的【树型视图】中找到相应的机械结构，右击，在弹出的快捷菜单中选择【显示】命令，将其显示，如图 5-28 所示。

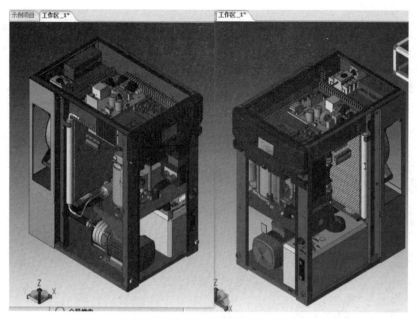

图 5-27　隐藏左右侧板及前挡板

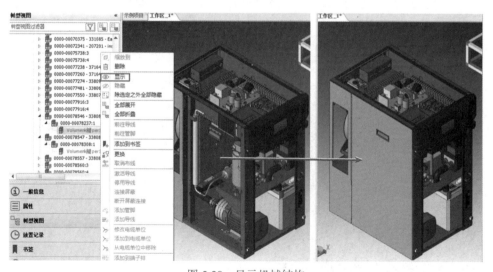

图 5-28　显示机械结构

　　如果在【树型视图】中无法及时准确地找到某一机械结构件，可以在工作窗口空白处右击，在弹出的快捷菜单中选择【显示全部】命令，将所有机械件全部显示，如图 5-29 所示。

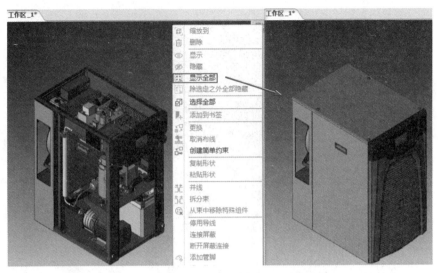

图 5-29　显示全部

5.2.5　保存视图

　　为了减少设计过程中隐藏和显示机械结构件的工作量，可以将调整好的显示视图保存下来。在右侧【视图】栏中选择需要保存的视图名，单击【添加当前视图】按钮或者直接双击视图名进行视图保存，如图 5-30 所示。

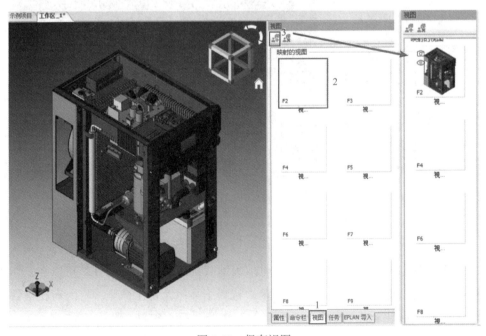

图 5-30　保存视图

保存视图后，可以在设计过程的任意时刻，只需要双击实现一键视图切换，包括视图角度的切换、机械结构件的隐藏 / 显示，如图 5-31 所示。

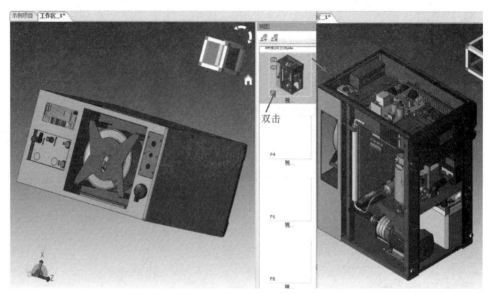

图 5-31　一键切换至保存的视图

5.2.6　放置连接物

在 EPLAN Harness proD Studio 中有三种方式可以放置连接物：一是逐个从库中选择需要放置的连接物进行放置并修改名称；二是从外部批量导入连接物名称和型号，然后逐个放置；三是从外部批量导入连接物的名称、型号、X/Y/Z 坐标以及 X/Y/Z 轴的旋转角度等数据，软件自动放置。

1. 从库中选择

1）选择【放置】选项卡中的【连接器】命令，或按〈C〉键，如图 5-32 所示。

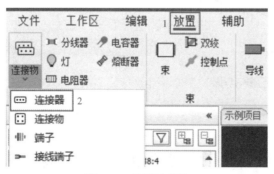

图 5-32　放置连接物

2）在弹出的【部件浏览器】窗口中选择 Connectors → Weidmuller → PCB plug connector 类别中的 WEI.1994590000，然后单击【确定】按钮，如图 5-33 所示；或者直接输入部件名，单击右侧的启动搜索，选中该部件并双击确定，如图 5-34 所示。

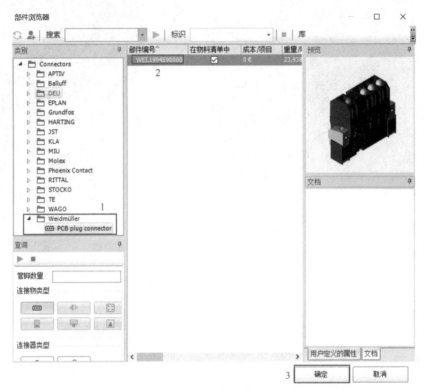

图 5-33　选择连接器

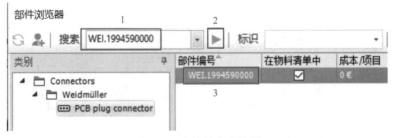

图 5-34　直接搜索连接器

3）将连接器放置在工作窗口中的空白处，如图 5-35 所示。

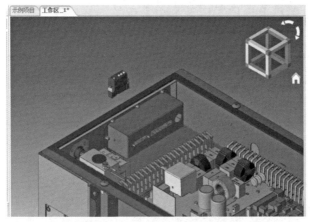

图 5-35 放置连接器

 提示:

放置连接器时,鼠标指针不要与其他机械结构件重合,否则会自动产生约束。一旦连接器过多,可能会导致设计卡顿。

4)根据连接器的正常安装姿态将其绕 X 轴旋转 90°,如图 5-36 所示。

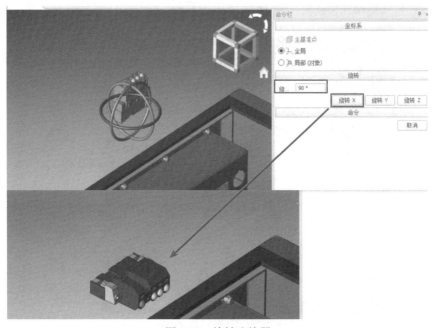

图 5-36 旋转连接器

5）单击【编辑】选项卡中的【点】按钮，然后选择源对象关键点，如图 5-37 所示。

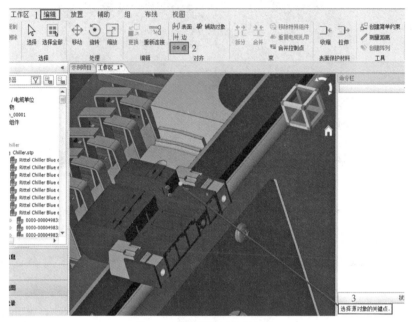

图 5-37　选择源对象关键点

6）选择目标关键点，如图 5-38 所示位置。

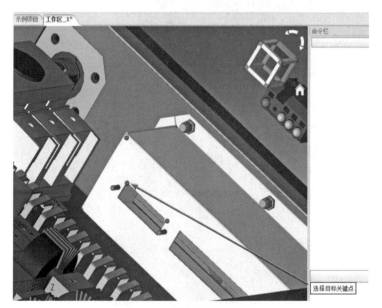

图 5-38　选择目标关键点

7）布置完成的连接器效果如图 5-39 所示。

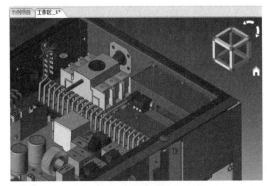

图 5-39　布置完成的连接器效果

 提示：

　　在选择关键点的过程中，需要通过不断地滚动和按住鼠标滚轮键并同时移动鼠标来控制视图，具体操作可以参考 5.1.4 小节"视图控制"。使用点对齐命令，需要提前对连接器的角度进行调整，也可以通过【表面】和【边】命令实现连接器的放置。

　　8）选中连接物，在右侧【属性】选项卡的【常规】栏中将连接器的 REFDES（显示名称）更改为 +D1-EC1-XD12，如图 5-40 所示。

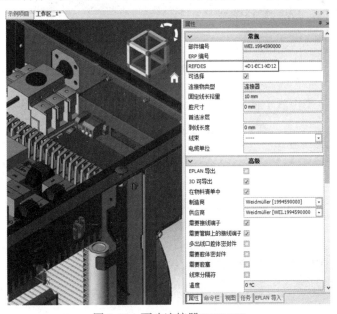

图 5-40　更改连接器 REFDES

2. 导入连接物名称

1）新建 Excel 文件，并输入图 5-41 所示数据。

▲	A	B
1	#连接物名称	部件编号
2	+D1-EC1-XD14	TE.1-350766-2
3	+D1-EC1-XD15	EH 715-008-003-960
4	+D1-EC1-XD16	EH 715-006-003-960
5		

图 5-41　连接物名称及部件编号

 提示：

请保证在文件第一行第一列中输入了特殊字符 "#"。

2）将文件另存为逗号分隔的 CSV UTF-8 格式文件，如图 5-42 所示。

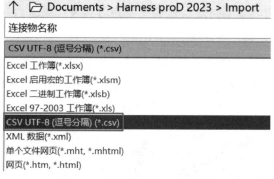

图 5-42　文件另存为 CSV 文件

3）单击【工作区】选项卡中的【连接物名称】按钮，如图 5-43 所示。

图 5-43　【连接物名称】按钮

4）选择刚刚保存的 CSV 文件，单击【Open】按钮，再单击【下一步】按钮，如图 5-44 所示。

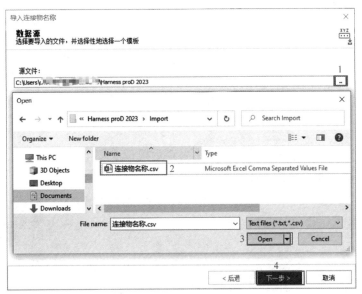

图 5-44　选择 CSV 文件

5）在【数据选择】对话框中选中【逗号】复选框，并在【忽略以下列内容开始的行】文本框中输入 "#"，然后单击【下一步】按钮，如图 5-45 所示。

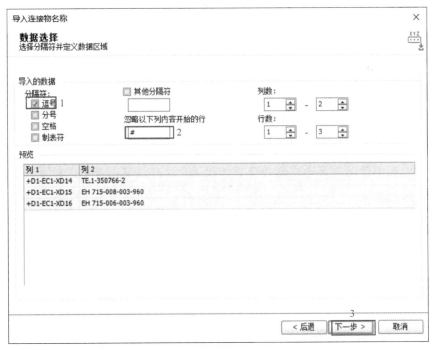

图 5-45　选择数据

提示：

　　在【忽略以下列内容开始的行】文本框中填入的字符与 CSV 文件中的第一行开头字符有关，默认使用 "#"；如果在【忽略以下列内容开始的行】文本框不填入值，也可以在【行数】栏里选择从 2 到 4。

　　6）在【列映射】对话框中单击【另存为模板】按钮，保存模板，最后单击【开始】按钮，导入数据，如图 5-46 所示。

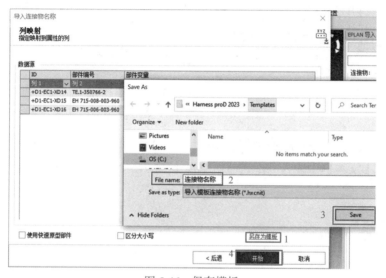

图 5-46　保存模板

 提示：

　　在数据源选择界面中选择保存的模板，就可以不用重复进行数据选择和列映射设置。

　　7）导入结果如图 5-47 所示，单击【完成】按钮，回到工作区界面。

图 5-47　导入结果

8）在【工作区 _1*】中选择【任务】选项卡，单击 ▶【解决任务】按钮，如图 5-48 所示。

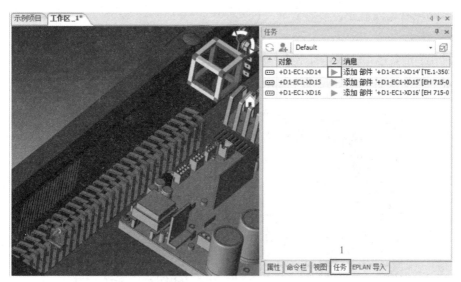

图 5-48　解决任务

9）将 +D1-EC1-XD14 放置在工作区后，该任务被解决，如图 5-49 所示。

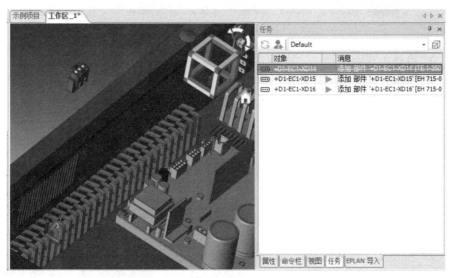

图 5-49　放置连接器，任务解决

提示：

如果导入的数据中【部件编号】列所含数据无法在项目关联的活动库中找到对应的部件，则需要手动指定部件。

10）重复单击【解决任务】按钮，并将连接器安装在对应的位置，如图 5-50 所示。

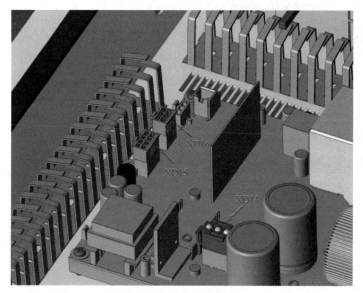

图 5-50 安装连接器

3. 自动放置连接物

1）新建 Excel 表，并在表中输入连接物的相关信息，如图 5-51 所示。

	A	B	C	D	E	F	G	H
1	#连接物名称	部件编号	X	Y	Z	Rx	Ry	Rz
2	+D1-EC1-XD7	WAGO.231-640/129-000	95	241	730	90	0	0
3	+D1-EC1-XD2	6 PIMF	148	241	730	90	0	0

图 5-51 新建 Excel 并输入信息

2）将文件另存为逗号分隔的 CSV UTF-8 格式文件，如图 5-52 所示。

3）单击【工作区】选项卡中的【连接物】按钮，如图 5-53所示。

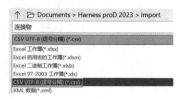

图 5-52 文件另存为 CSV 文件

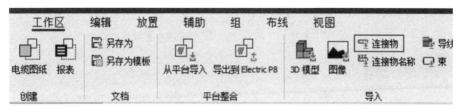

图 5-53   【连接物】按钮

4）选择刚刚保存的 CSV 文件，单击【Open】按钮，再单击【下一步】按
钮，如图 5-54 所示。

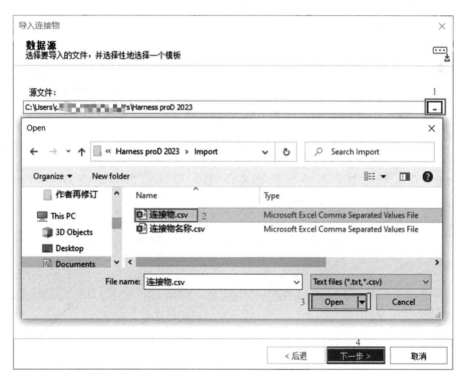

图 5-54   选择 CSV 文件

5）在【数据选择】对话框中选中【逗号】复选框，并在【忽略以下列内容
开始的行】文本框中输入"#"，然后单击【下一步】按钮，如图 5-55 所示。

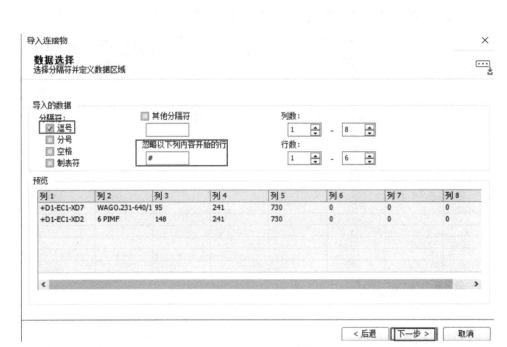

图 5-55 选择数据

6）在【列映射】对话框中将 CSV 中的数据值与 EPLAN Harness proD Studio 的内部值进行对应的映射，如图 5-56 所示。

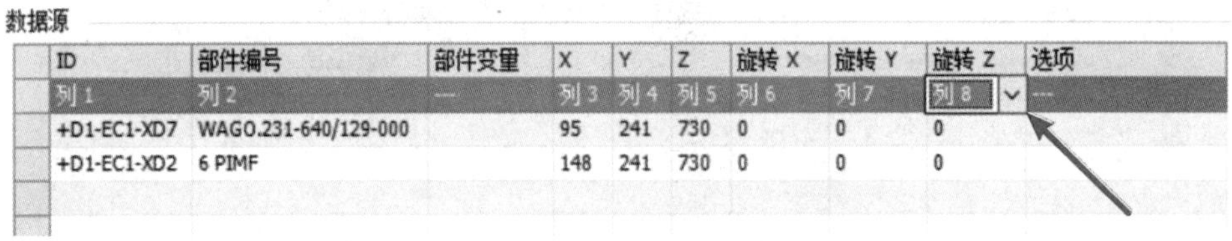

图 5-56 列映射

7）在【列映射】对话框中单击【另存为模板】按钮，并保存模板，如图 5-57 所示。

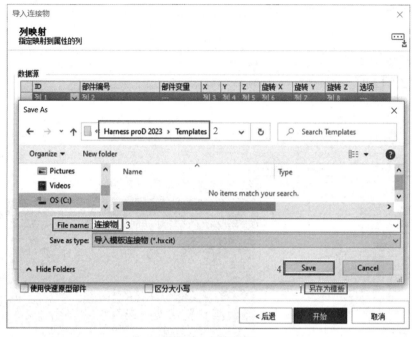

图 5-57　保存模板

8）在【导入选项】中选中【更新现有的】单选按钮，在【添加附件】中选中【必需】复选框，最后单击【开始】按钮，导入数据，如图 5-58 所示。

图 5-58　设置导入选项

 提示：

　　若选中【删除列表中不存在的对象】复选框，则工作区中所有不在 CSV 表格中的连接物，在导入连接物数据前都将从工作区中被删除。更多导入选项的设置请查阅 www.eplan.help。

9）导入数据后，即可实现连接物的自动放置，如图 5-59 所示。

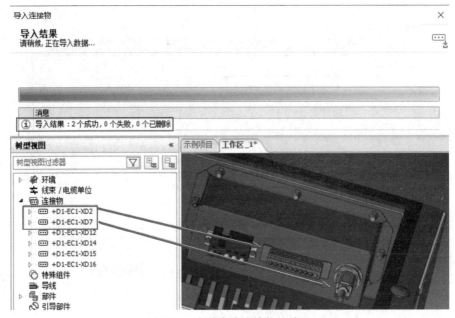

图 5-59　自动完成连接物的放置

提示：

连接物通常用于表示需要连接管脚的任意对象，连接器、端子是连接物的一种，它们在 EPLAN Harness proD 中有特定的部件类型，具有一些特定的属性。而 PLC、电机等则可以用通用的连接物表示。

5.2.7　创建端子排

1）单击【放置】选项卡中的【端子】按钮，然后选择 PXC.3209510，如图 5-60 所示。

2）通过单击【编辑】选项卡中的【表面】【边】【移动】按钮安装端子到导轨上，并将 REFDES 更改为 +D1-EC1-XG10：1，如图 5-61 所示。

图 5-60　放置端子

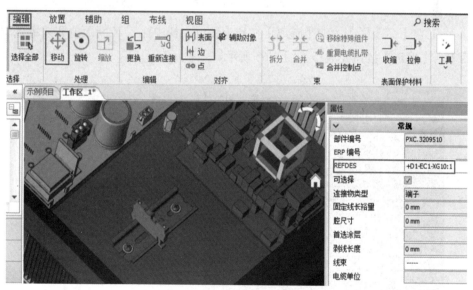

图 5-61　安装端子并更改 REFDES

3）选中端子，然后单击【编辑】选项卡中的【创建阵列】按钮，如图 5-62 所示。

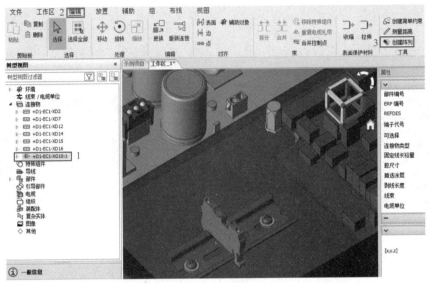

图 5-62　【创建阵列】

4）在【命令栏】中的【距离】栏和【数量】栏中输入 X 间距值和数量，然后单击【确定】按钮完成，如图 5-63 所示。

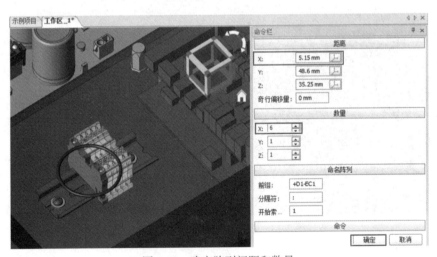

图 5-63　确定阵列间距和数量

 提示：

　　对阵列中的任意对象执行【移动】或【旋转】等命令时，整个阵列会一起移动或旋转。

5）阵列效果如图 5-64 所示。

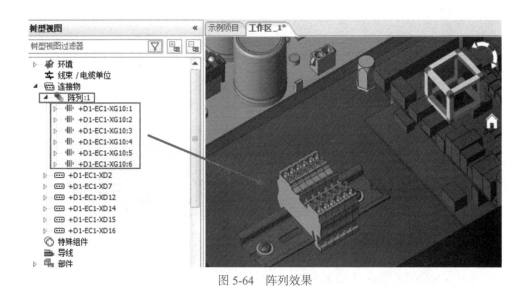

图 5-64 阵列效果

6）单击【组】选项卡【端子排】命令组中的【创建】按钮，创建一个端子排，并将端子排的名称更改为 +D1-EC1-XG10，如图 5-65 所示。

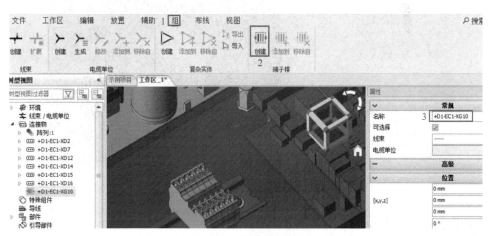

图 5-65 新建端子排

7）在【树型视图】中选择【阵列：1】，然后单击【添加到】按钮，如图 5-66
所示。

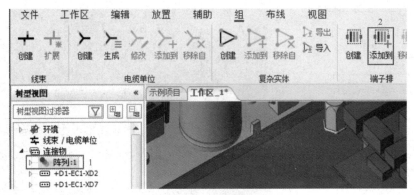

图 5-66　阵列效果

8）完成创建的端子排效果如图 5-67 所示。

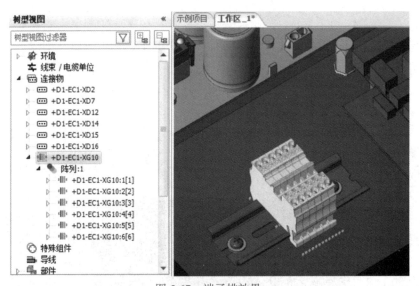

图 5-67　端子排效果

5.2.8　完善 3D 布局

继续放置连接物，完成其他连接物的布局。

1）放置连接物 +D1-EC1-XD13，部件编号为 TE.165536-2，如图 5-68 所示。

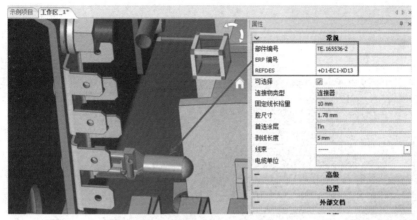

图 5-68　放置 +D1-EC1-XD13

2）放置连接物 +D1-EC1-XD101，部件编号为 F-RJ35，如图 5-69 所示。

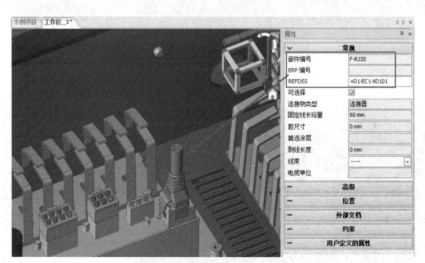

图 5-69　放置 +D1-EC1-XD101

3）放置连接物 +D1-EC1-XD3，部件编号为 TE.350777-1，部件变量为 1，如图 5-70 所示。

4）放置连接物 +D1-EC1-XD1，部件编号为 WAGO.231-640/129-000，如图 5-71 所示。

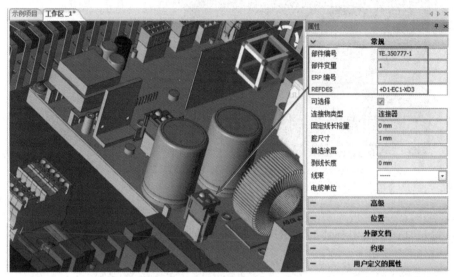

图 5-70　放置 +D1-EC1-XD3

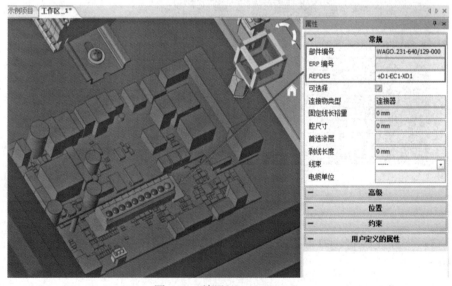

图 5-71　放置 +D1-EC1-XD1

5）放置连接物 +D1-EC1-XD8，部件编号为 JST.XHP-3，如图 5-72 所示。

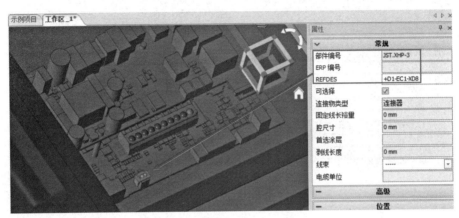

图 5-72　放置 +D1-EC1-XD8

6）放置连接物 +D1-EC1-XD19，部件编号为 BAL.BCN02N8，如图 5-73 所示。

图 5-73　放置 +D1-EC1-XD19

7）放置连接物 +D1-EC1-XD26，部件编号为 EH 715-006-003-960，如图 5-74 所示。

可以通过导入连接物的方式实现其他连接物的快速放置。导入源文件时选择本书配套资源压缩包中 EPLAN Harness proD 2023\Import 文件夹中的 "连接物-其他 .csv"，模板选择 EPLAN Harness proD 2023\Templates 文件夹中的 "连接物-带部件变量 .hxcit"，如图 5-75 所示。

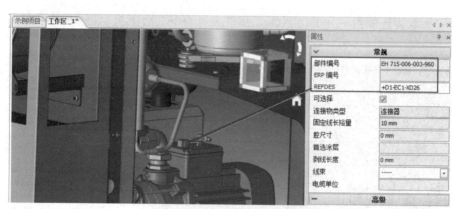

图 5-74 放置 +D1-EC1-XD26

图 5-75 选择源文件及模板

5.2.9 放置引导部件和夹子

1）单击【放置】选项卡中的【引导部件】按钮，在弹出的【部件浏览器】窗口中选择 LP.000001，双击确定，如图 5-76 所示。

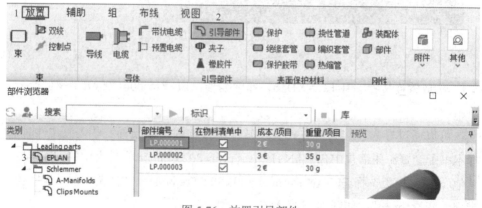

图 5-76 放置引导部件

2）将引导部件放置在图 5-77 所示位置。

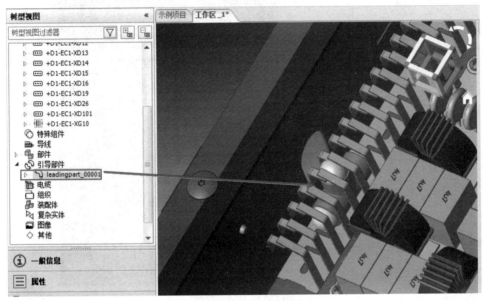

图 5-77　引导部件位置

3）单击【放置】选项卡中的【夹子】按钮，在弹出的【部件浏览器】窗口中搜索到部件 RIT.47110815，双击确定，如图 5-78 所示。

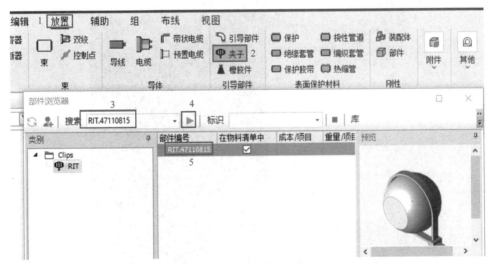

图 5-78　放置夹子

4）将夹子放置在图 5-79 所示位置。

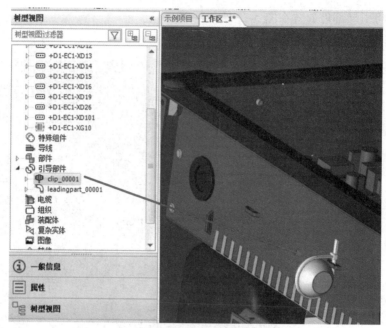

图 5-79   夹子位置

5）切换到【放置记录】选项卡，双击部件 RIT.47110815，将其放置在工作窗口中，如图 5-80 所示。

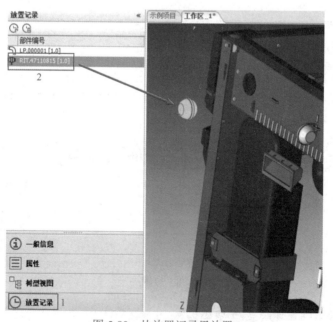

图 5-80   从放置记录里放置

6）按〈Space〉（空格）键，重复上一命令，再放置一个夹子在工作窗口中，如图 5-81 所示。

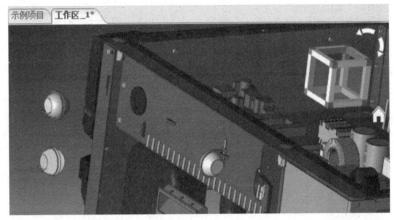

图 5-81　再放置一个夹子

7）将另外两个夹子放置在图 5-82 所示位置，完成所有夹子的放置。

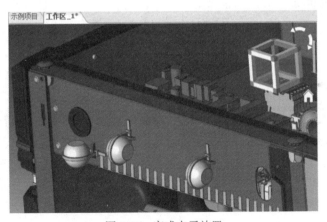

图 5-82　完成夹子放置

 提示：

通过灵活使用【放置记录】和〈Space〉（空格）键，可以大大提升设计效率。

5.3 路径规划设计

根据器件的空间位置进行布线路径的规划设计，即束的设计。

1）设置束的默认参数，默认束直径为5mm，默认弯曲半径系数为4，并选中【默认显示真实的束内容】复选框，如图5-83所示。

图 5-83　设置束的默认参数

2）单击【放置】选项卡中的【束】按钮或按〈B〉键，如图5-84所示。

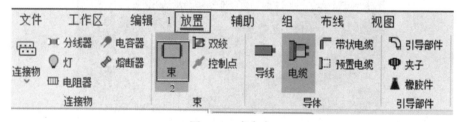

图 5-84　束命令

3）在【构建助手】中选中【表面】单选按钮，并设置表面偏移量为5mm，路径直径为5mm，内插（束的样式）选择圆角，弯曲半径为20mm，在机械结构表面单击，放置束的起点，如图5-85所示。

4）锁定X轴，距离设置为200mm，单击，放置控制点，如图5-86所示。

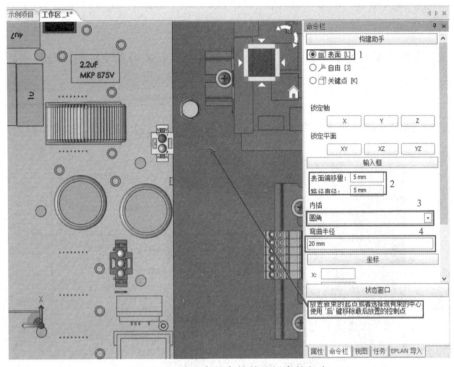

图 5-85　设置束的参数并选择束的起点

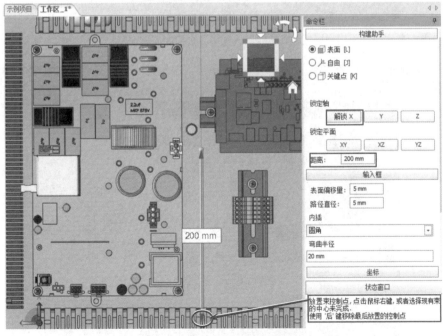

图 5-86　锁定 X 轴并放置控制点

提示:

【距离】文本框中的值为空时, 移动鼠标, 将实时显示控制点与起点的距离, 单击将直接放置控制点。

5) 锁定 Y 轴, 距离设置为 259mm, 单击, 放置第二个控制点, 如图 5-87 所示。

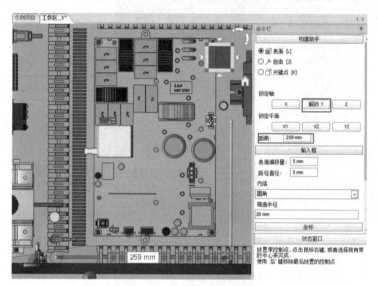

图 5-87 放置第二个控制点

6) 锁定 X 轴, 距离设置为 345.5mm, 单击, 放置第三个控制点, 如图 5-88 所示。

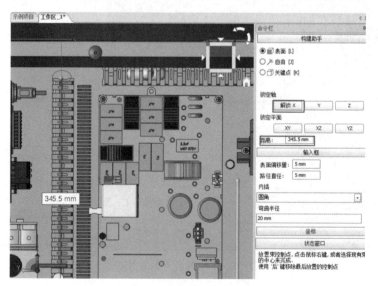

图 5-88 放置第三个控制点

7）锁定 Y 轴，距离设置为 389.5mm，单击，放置第四个控制点，如图 5-89 所示。

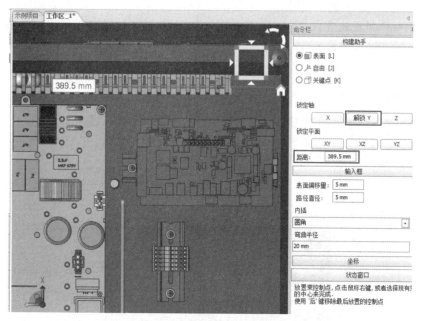

图 5-89　放置第四个控制点

8）放置第四个控制点后，右击确认，完成第一个束的创建，如图 5-90 所示。

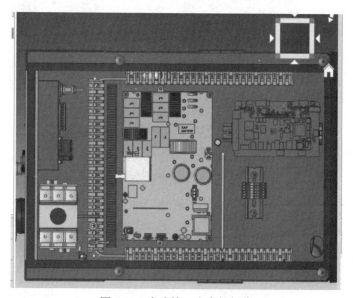

图 5-90　完成第一个束的创建

提示：

【距离】文本框中的值为参考值，如果起点不一样，则距离是不同的；如果在控制点放置错误，可以通过按〈Backspace〉键进行撤销，按〈Esc〉键将直接退出【束】命令。

9）如果创建的束位置不合适，如与引导部件干涉，则选中需要调整的控制点，然后单击【移动】按钮进行调整，如图 5-91 所示。

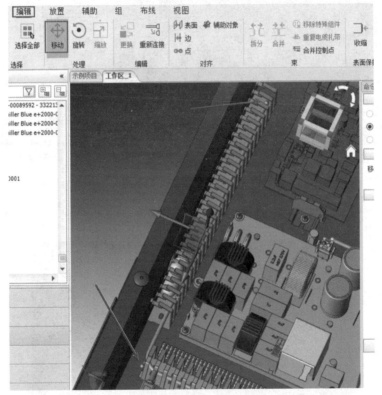

图 5-91　移动控制点

提示：

调整束的位置只能通过调整控制点来实现；按住〈Ctrl〉键可以实现控制点的多选。

10）重复【束】命令，在【构建助手】中选中【自由】单选按钮，设置路径直径为 5mm，然后起点捕捉到引导部件的端点，单击确定，如图 5-92 所示。

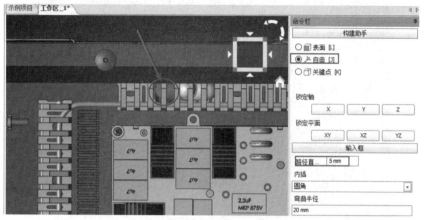

图 5-92　放置新束并与引导部件相连

 提示：

需要捕捉其他对象时，在【构建助手】中必须选中【自由】单选按钮。

11）选中【表面】单选按钮，设置表面偏移量为 5mm，锁定 Y 轴，放置控制点，如图 5-93 所示。

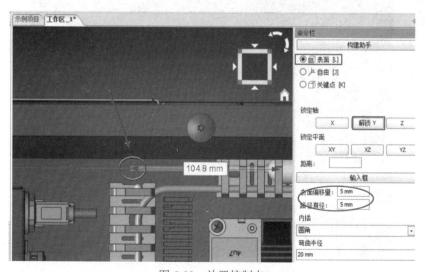

图 5-93　放置控制点

12）重复放置控制点，完成第二个束的创建，如图 5-94 所示。

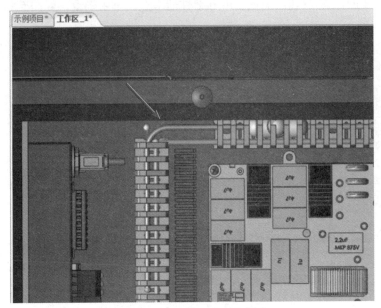

图 5-94　完成第二个束的创建

13）用同样的方法创建第三个束，如图 5-95 所示。

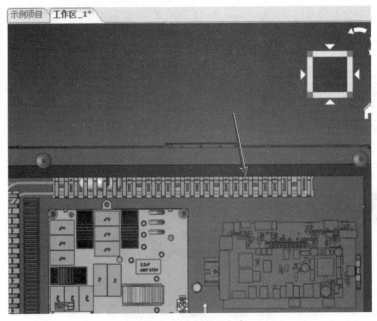

图 5-95　创建第三个束

14）用同样的方法创建第四个束，如图 5-96 所示。

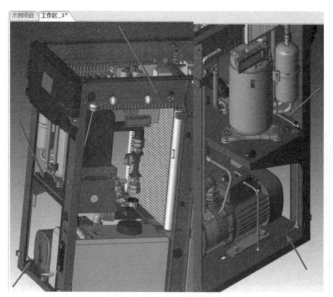

图 5-96　创建第四个束

15）单击【放置】选项卡中的【控制点】按钮，将其放置在束中，如图 5-97 所示。

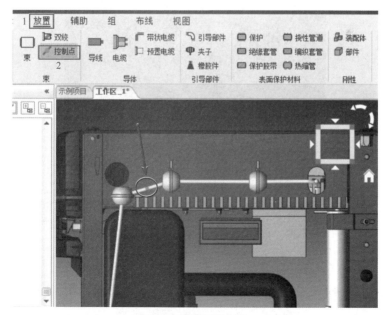

图 5-97　放置控制点

16）单击【移动】按钮调整控制点的位置，使束显得更合理、美观且贴近实际布线路径，如图 5-98 所示。

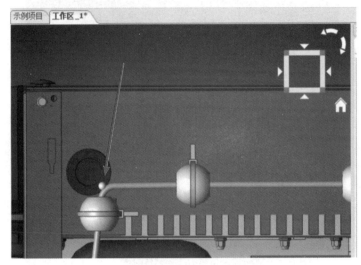

图 5-98　移动控制点

17）重复单击【控制点】和【移动】按钮，完成第四个束的调整，如图 5-99 所示。

图 5-99　完成第四个束的调整

提示:

　　束的调整过程中，要合理隐藏或显示机械结构，同时配合导航立方体（参考 5.1.5 小节"导航立方体"）的使用，能大大提高束的调整效率。

18）用同样的方法创建第五个束，如图 5-100 所示。

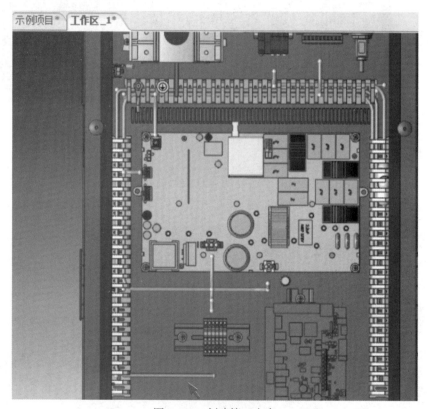

图 5-100　创建第五个束

19）新建束，选中两个束的结合点，单击【编辑】选项卡中的【合并】按钮，完成两个束的合并，如图 5-101 所示。

 提示:

　　【合并】按钮只适用于两个独立的束的结合点，如果结合点超过了两个束，则【合并】按钮不可用。

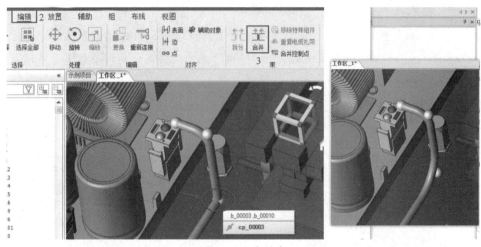

图 5-101　合并束

20）重复创建束，完成整个路径的规划设计，如图 5-102 所示。

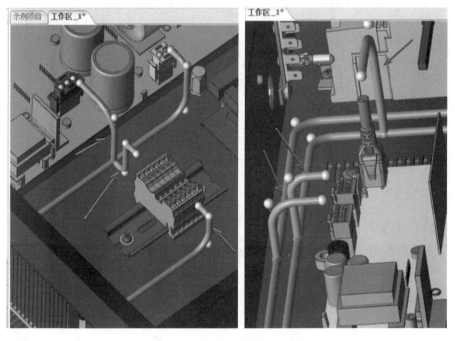

图 5-102　新增束，完成路径规划

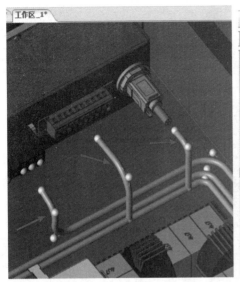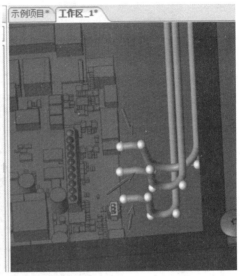

图 5-102　新增束，完成路径规划（续）

在【树型视图】中展开【组织】节点，选中所有的束，单击【视图】选项卡中的【隔离模式】按钮，可以预览路径整体效果，如图 5-103 所示。

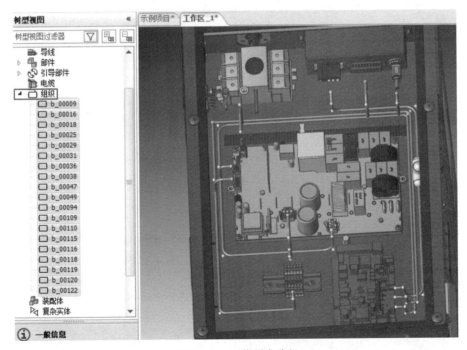

图 5-103　预览所有路径

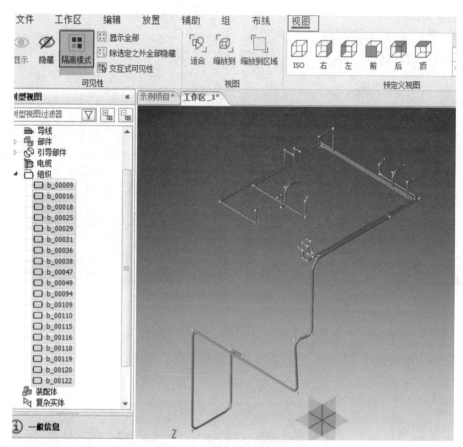

图 5-103　预览所有路径（续）

第 6 章
3D 布线设计及任务检查

导线和电缆作为线束的主要组成部分，其主要功能是传输电流与信号，为连接物的管脚之间提供电气连接，这些电气连接构成了接线关系表。

本章练习的目的：

- 了解如何在工作区环境下放置导线和电缆
- 掌握导入表格式导线和电缆设计
- 掌握多种布线命令
- 了解表面保护材料的放置
- 了解任务列表

6.1 术语解释

6.1.1 源对象

源对象是指可以穿过目标对象的所有对象，包括导线、电缆、束、表面保护材料、绝缘套管、保护胶带和柔性管。

6.1.2 目标对象

目标对象包括束、双绞、引导部件和所有类型的表面保护材料。

6.1.3　手动布线

该命令用于手动将源对象穿过目标对象。手动布线需要手动选择源对象，可以按〈Ctrl〉键进行多选，然后逐次穿过手动选择的目标对象。

6.1.4　半自动布线

该命令用于以半自动方式将选定的未布线的源对象穿过目标对象，此功能将选定的未布线的源对象按照最短路径，穿过选择的目标对象的两个端点，即手动指定路径的起点和终点。

6.1.5　自动布线

该命令有三个，即【自动对选择的导线和电缆进行布线】【对未布线电缆自动布线】【对未布线的导线自动布线】，用于对所有已选择的源对象或未布线的源对象按最短路径穿过目标对象，进行自动布线。

6.1.6　自动放置附加零件

该功能可自动放置接线端子、腔体密封件或腔塞。要自动放置的附加零件必须在 EPLAN Harness proD Library 中添加至连接器、连接物、端子和特殊组件中，添加操作请参考 3.3.3 小节"接线端子设置"。

6.1.7　任务列表

任务列表用于检查错误以及要在工作区中执行的任务，检查任务包含检查弯曲半径、线束冲突、附加零件尺寸等内容。具体的任务及解释请查阅 www.eplan.help。

6.2　确定接线关系

6.2.1　放置导线

在 EPLAN Harness proD Studio 中放置导线时有两种方式：一是从库中选择需要放置的导线型号，然后手动选择导线两端的连接器；二是从外部 .txt 或 .csv

文件导入已经定义好导线连接信息数据的表格，自动放置导线。

1. 从库中放置

1）单击【放置】选项卡中的【导线】按钮，在弹出的【部件浏览器】窗口中选择部件编号为 14AWG-RED 的导线，双击确定，如图 6-1 所示。

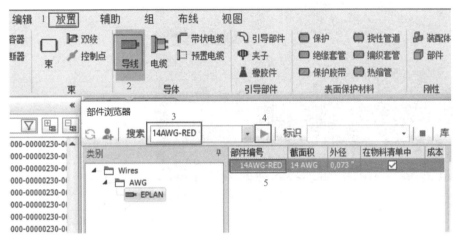

图 6-1　放置导线 14AWG-RED

2）在工作窗口中选择连接器 +D1-EC1-XD16 的 1 号管脚作为起始管脚，单击确定，如图 6-2所示。

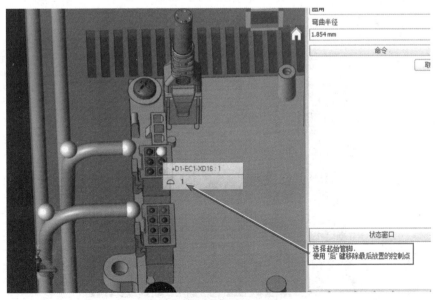

图 6-2　选择起始管脚

3）选择端子排 +D1-EC1-XG10的 1 号端子的内部管脚作为目标管脚，单击确定，如图 6-3 所示。

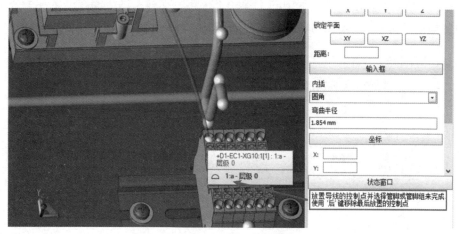

图 6-3　连接目标管脚

 提示:

　　如果同一管脚手动放置多根导线，一般需要先将已放置的导线隐藏，然后放置新的导线，否则可能无法选中管脚。

4）完成放置的导线如图 6-4 所示。

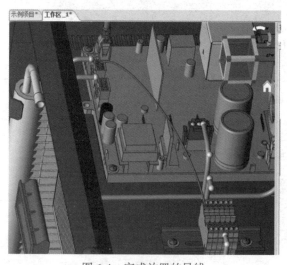

图 6-4　完成放置的导线

5）选中完成放置的导线，在右侧【属性】栏中将导线名称更改为 060，如图 6-5 所示。

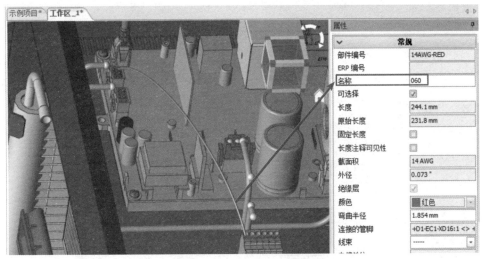

图 6-5　更改导线名称

2. 从外部导入

1）新建 Excel 文件，输入数据，如图 6-6 所示。

	A	B	C	D	E	F
1	#导线名称	导线部件编号	源设备	源设备管脚	目标设备	目标设备管脚
2	061	14AWG-BLK	+D1-EC1-XD16	2	+D1-EC1-XG10:4[4]	4:a - 层级 0
3	062	14AWG-BLK	+D1-EC1-XD16	3	+D1-EC1-XG10:2[2]	2:a - 层级 0
4	063	14AWG-BLK	+D1-EC1-XD16	4	+D1-EC1-XG10:5[5]	5:a - 层级 0
5	064	14AWG-BLK	+D1-EC1-XD16	5	+D1-EC1-XG10:3[3]	3:a - 层级 0
6	065	14AWG-BLK	+D1-EC1-XD16	6	+D1-EC1-XG10:6[6]	6:a - 层级 0

图 6-6　接线关系

2）将文件另存为逗号分隔的 CSV UTF-8 格式文件，如图 6-7 所示。

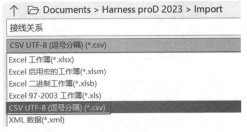

图 6-7　文件另存为 CSV 文件

3）单击【工作区】选项卡中的【导线】按钮，如图 6-8 所示。

图 6-8 【导线】按钮

4）选择刚刚保存的 CSV 文件，单击【Open】按钮，再单击【下一步】按钮，如图 6-9 所示。

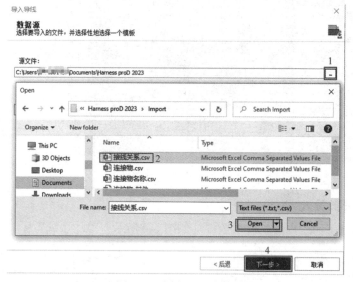

图 6-9 选择 CSV 文件

5）在【数据选择】中选中【逗号】复选框，并在【忽略以下列内容开始的行】文本框中输入 "#"，然后单击【下一步】按钮，如图 6-10 所示。

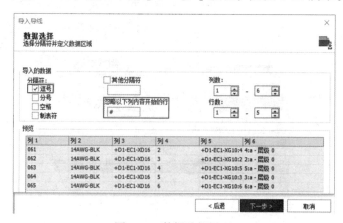

图 6-10 数据选择界面

6) 在【列映射】中,【ID】和【部件编号】对应列 1 和列 2,【From】和【管脚自】对应列 3 和列 4,【至】和【管脚至】对应列 5 和列 6,如图 6-11 所示。

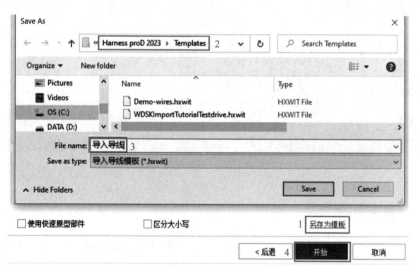

列映射
指定映射到属性的列

数据源

ID	部件编号	部件变量	From	管脚自	接线	接线端子自	剥线长度自	至	管脚至	接线端子至
列 1	列 2	---	列 3	列 4	---	---		列 5	列 6	---
061	14AWG-BLK		+D1-EC1-XD16	2				+D1-EC1-XG10:4[4]	4:a - 层级 0	
062	14AWG-BLK		+D1-EC1-XD16	3				+D1-EC1-XG10:2[2]	2:a - 层级 0	
063	14AWG-BLK		+D1-EC1-XD16	4				+D1-EC1-XG10:5[5]	5:a - 层级 0	
064	14AWG-BLK		+D1-EC1-XD16	5				+D1-EC1-XG10:3[3]	3:a - 层级 0	
065	14AWG-BLK		+D1-EC1-XD16	6				+D1-EC1-XG10:6[6]	6:a - 层级 0	

图 6-11　列映射

7) 单击【另存为模板】按钮,保存模板,单击【开始】按钮,如图 6-12 所示。

图 6-12　保存模板并开始

 提示:

　　单击【另存为模板】按钮,可将导入配置另存为模板,以后导入时选择该模板,就不必再进行列映射等设置。

8）导入结果如图 6-13 所示。

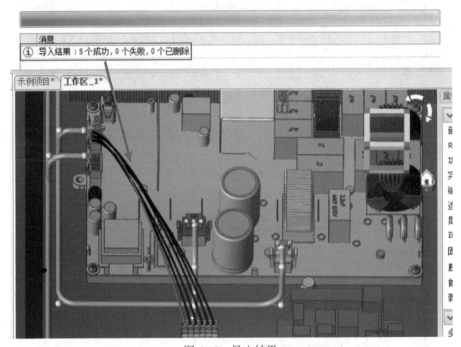

图 6-13　导入结果

6.2.2　放置电缆

在 EPLAN Harness proD Studio 中放置电缆时有两种方式：一是从库中选择需要放置的电缆型号，同时手动为电缆的每根芯线分配连接器管脚；二是先放置预置电缆，然后从外部导入已经定义好接线关系的表格，自动完成电缆每根芯线的分配。

1. 放置来自库的电缆

1）单击【放置】选项卡中的【电缆】按钮，在弹出的【部件浏览器】窗口中选择部件编号为 LAPP.0025700 的电缆，双击确定，如图 6-14 所示。

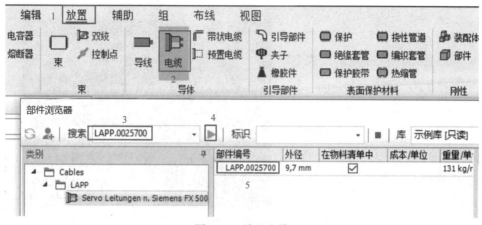

图 6-14　放置电缆

2）首先放置绝缘层的一端，选中【表面】单选按钮，设置表面偏移量为 20mm，按〈Enter〉键确定，然后选择 +D1-EC1-XD12 的表面作为起点，单击确定，如图 6-15 所示。

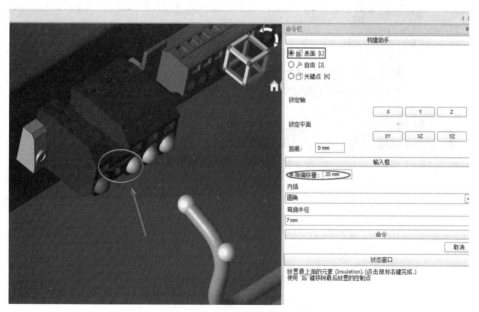

图 6-15　放置绝缘层的一端

 提示：

　　输入表面偏移量的值后，一定要按〈Enter〉键确认。

3）选择 +D1-EC1-XD19的
表面，放置绝缘层的另一端，
单击放置，再右击确认完成绝
缘层的放置，如图 6-16 所示。

4）单击连接电缆的芯线，
芯 线 1~3 依 次 连 接 +D1-EC1-
XD19 的管脚 1~3，芯线 GNYE
连接 +D1-EC1-XD19 的管脚 4，
如图 6-17 所示。

图 6-16　放置绝缘层的另一端

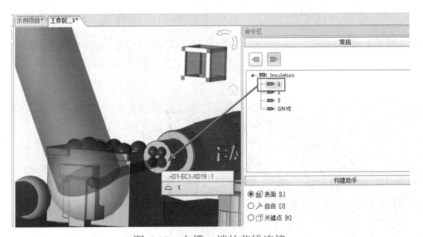

图 6-17　电缆一端的芯线连接

 提示：

　　芯线 1 连接完成，将自动跳转到芯线 2。用户也可以在左侧单击想连
接的芯线。

5）四根芯线连接完毕后，自动转到电缆的另一侧，对芯线的另一端进行
连接。芯线 1~3 分别连接 +D1-EC1-XD12 的管脚 1~ 3，芯线 GNYE 连接 +D1-
EC1-XD13 的管脚 4，如图 6-18 所示。

6）完成放置和芯线连接的电缆如图 6-19 所示。

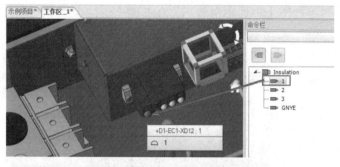

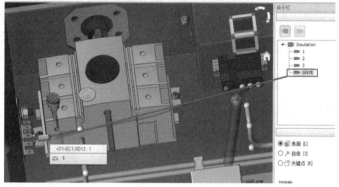

图 6-18　电缆另一端的芯线连接

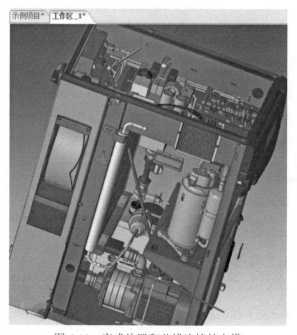

图 6-19　完成放置和芯线连接的电缆

7）在【树型视图】中选中电缆名，在右侧【属性】栏中将【名称】更改为
+D1-EC1-W1，如图 6-20 所示。

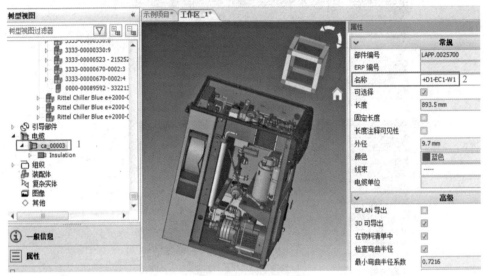

图 6-20　更改电缆名称

 提示：

如果要更改电缆名称，一定要选中电缆名称，而不是绝缘层或电缆的
其他子节点。

2. 放置预置电缆

1）单击【放置】选项卡中的【预置电缆】按钮，在弹出的【部件浏览器】
窗口中选择部件编号为 LAPP.1119204 的电缆，双击确定，如图 6-21 所示。

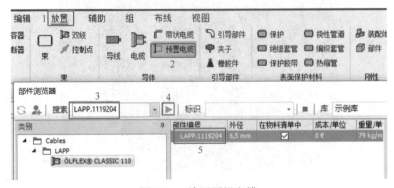

图 6-21　放置预置电缆

2）选中【表面】单选按钮，设置表面偏移量为 20mm，分别放置绝缘层的两端，右击完成放置，如图 6-22 所示。

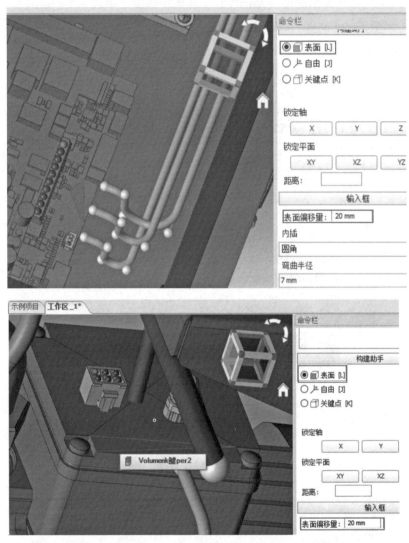

图 6-22 放置绝缘层两端的表面

 提示：

　　预置电缆绝缘层的放置与电缆绝缘层的放置操作相同。放置预置电缆绝缘层后，无须对芯线进行连接。

3）更改电缆名称为 +D1-EC1-W2。

3. 导入电缆接线关系

导入电缆接线关系的前提是已经在工作区中放置了电缆。

1）新建 Excel 文件，并在文件中输入图 6-23 所示数据，将文件另存为 CSV
UTF-8 格式文件，如图 6-24 所示。

	A	B	C	D	E	F	G
1	#导线名称	源设备	源设备管脚	目标设备	目标设备管脚	电缆名称	电缆芯线
2	1	+D1-EC1-XD1	1	+D1-EC1-XD26	1	+D1-EC1-W2	1
3	2	+D1-EC1-XD1	2	+D1-EC1-XD26	2	+D1-EC1-W2	2
4	3	+D1-EC1-XD1	3	+D1-EC1-XD26	3	+D1-EC1-W2	3
5	GNYE	+D1-EC1-XD1	4	+D1-EC1-XD26	4	+D1-EC1-W2	GNYE

图 6-23　电缆接线关系

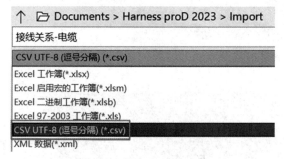

图 6-24　另存为 CSV 文件

2）单击【工作区】选项卡中的【导线】按钮，如图 6-25所示。

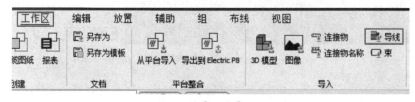

图 6-25　【导线】按钮

3）选择刚刚保存的 CSV 文件，单击【Open】按钮，再单击【下一步】按
钮，如图 6-26 所示。

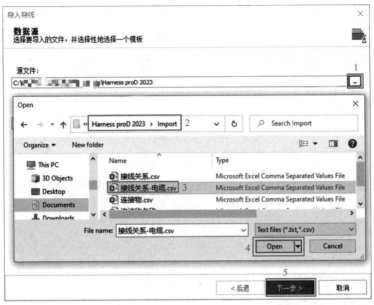

图 6-26　选择 CSV 文件

4）在【数据选择】中选中【逗号】复选框，并在【忽略以下列内容开始的行】文本框中输入 "#"，然后单击【下一步】按钮，如图 6-27 所示。

图 6-27　数据选择界面

5）在【列映射】中，【ID】对应列 1，【From】和【管脚自】对应列 2 和列 3，【至】和【管脚至】对应列 4 和列 5，【电缆名称】对应列 6，【电缆导线 ID】对应列 7，如图 6-28 所示。

列映射
指定映射到属性的列

数据源

ID	部	部	From	管脚自	接线	剥	至	管脚至	接线	接线	剥	电缆名称	选	线	分	腔体	腔	腔体	腔体	电缆导线 ID
列 1	---	---	列 2	列 3	---	---	列 4	列 5	---	---	---	列 6	---	---	---	---	---	---	---	列 7
1			+D1-EC1-XD1	1			+D1-EC1-XD26	1				+D1-EC1-W2								1
2			+D1-EC1-XD1	2			+D1-EC1-XD26	2				+D1-EC1-W2								2
3			+D1-EC1-XD1	3			+D1-EC1-XD26	3				+D1-EC1-W2								3
GNYE			+D1-EC1-XD1	4			+D1-EC1-XD26	4				+D1-EC1-W2								GNYE

图 6-28　列映射

6）单击【另存为模板】按钮，保存模板，最后单击【开始】按钮，如图 6-29 所示。

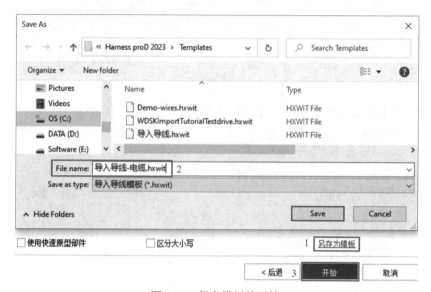

图 6-29　保存模板并开始

 提示：

单击【另存为模板】按钮，可将导入配置另存为模板，以后导入时选择该模板，就不必再进行列映射等设置。为了与【导入导线】进行区分，模板名称可以为【导入导线 -电缆】。

7）导入结果如图 6-30 所示。

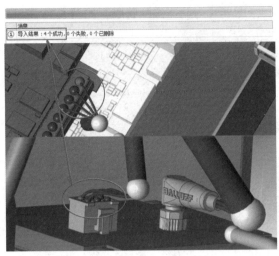

图 6-30 导入结果

6.2.3 更改接线关系

如果在设计过程中发现连接物间的接线关系有误，可以通过直接在工作窗口中手动更改或通过再次导入修改后的接线表的方式，实现批量、自动地更改接线关系。

本节仅阐述如何手动更改接线关系，导入接线表请参考 6.2.1 小节和 6.2.2 小节的有关内容。

1）在工作窗口中选中需要重新连接的导线，然后单击【编辑】选项卡中的【重新连接】按钮，如图 6-31 所示。

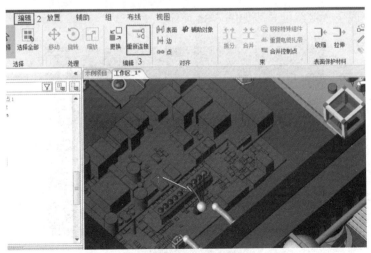

图 6-31 选中导线并单击【重新连接】按钮

2）选择源管脚，即导线当前连接的管脚，如图6-32所示。

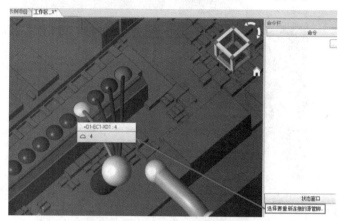

图6-32　选择源管脚

3）选择目标管脚，即导线重新连接的管脚，如图6-33所示。

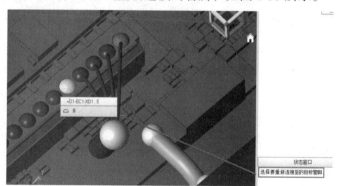

图6-33　选择目标管脚

4）完成更改接线的导线如图6-34所示。

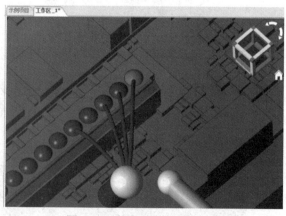

图6-34　完成更改接线的导线

提示：

　　更改接线关系只能选择某个导线或者电缆的某一根芯线。更改接线关系只能对导线/芯线的一端进行更改，如果两端的接线关系都要手动更改，则需要执行两次操作。

6.2.4 停用/激活导线

　　在 EPLAN Harness proD Studio 中，可以对电缆的某个芯线的连接进行停用，停用后的导线可以通过【激活导线】命令重新连接。

　　1. 停用导线

　　在【树型视图】中选中需要停用的电缆芯线，右击，在弹出的快捷菜单中选择【停用导线】命令，如图 6-35 所示。

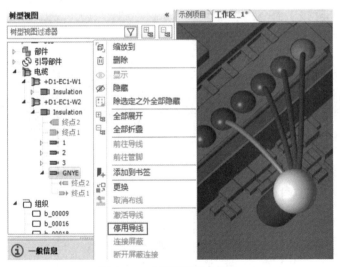

图 6-35 【停用导线】命令

　　停用后的芯线仍可以在【树型视图】中找到，相比具有连接关系的其他导线，停用的芯线的节点下不再有终点 1 和终点 2，如图 6-36 所示。

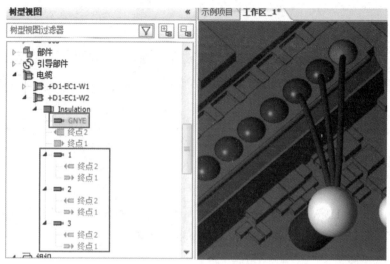

图 6-36　【树型视图】中停用的芯线

2. 激活导线

1）在【树型视图】中选中需要激活的电缆芯线，右击，在弹出的快捷菜单中选择【激活导线】命令，如图 6-37 所示。

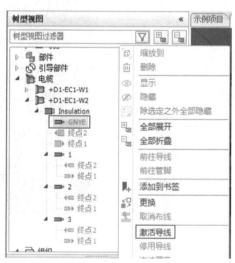

图 6-37　【激活导线】命令

2）为激活的导线选择起点和终点，如图 6-38 所示。

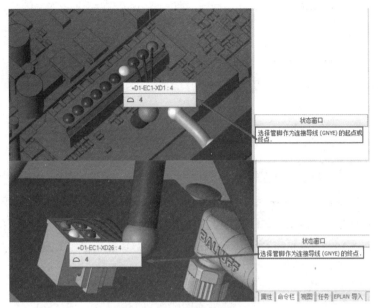

图 6-38　选择起点和终点

3）激活并重新连接导线，如图 6-39 所示。

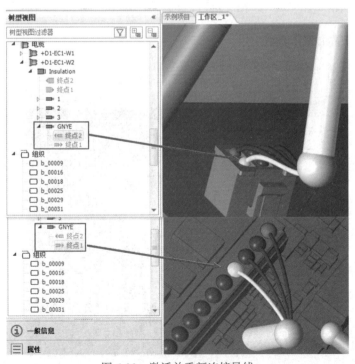

图 6-39　激活并重新连接导线

提示:

　　【停用导线】和【激活导线】命令只对电缆的芯线有用;【停用导线】只对存在接线关系的对象可用,【激活导线】只对没有接线关系的对象可用。

6.2.5　完善接线关系

　　导入本书提供的其他连接物间的接线关系表,完成所有的接线。导入方法请参考 6.2.1 小节"放置导线"。导入源文件选择本书配套资源压缩包中 EPLAN Harness proD 2023\Import 文件夹中的"接线关系 - 其他 .csv",模板选择 EPLAN Harness proD 2023\Templates 文件夹中的"导入导线 .hxwit",如图 6-40 所示。

图 6-40　选择源文件及模板

　　导入结果如图 6-41 所示。

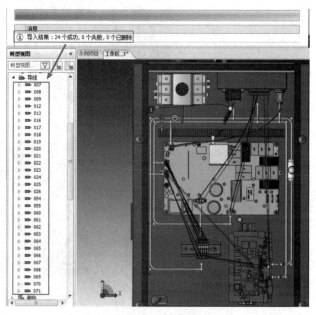

图 6-41　导入结果

6.3　3D布线设计

EPLAN Harness proD Studio 提供了多种布线命令，可手动、半自动或自动地将已连接好的导线和电缆沿着已创建的束，按照选择的路径或自动的最近路径，从源连接器管脚到达目标连接器管脚。

6.3.1　手动布线

1）选中需要布线的源对象，单击【布线】选项卡中的【手动】按钮，如图 6-42 所示。

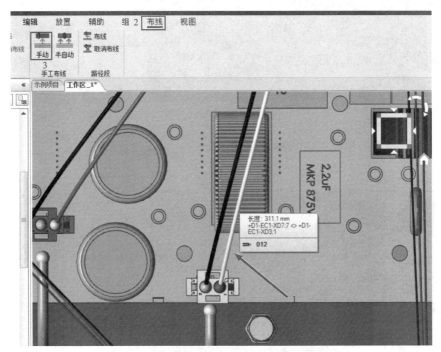

图 6-42　选中源对象并单击【手动】按钮

 提示：

可以先单击【手动】按钮，然后选择源对象，并右击确认；按住〈Ctrl〉键，可以同时选择多个源对象。

2）选择第一个束，如图 6-43 所示。

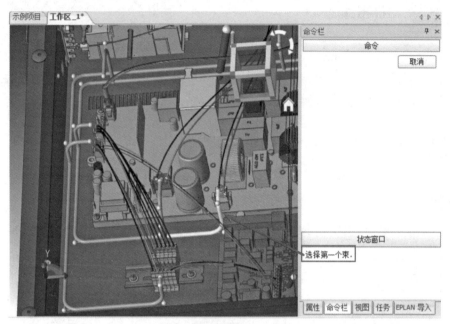

图 6-43　选择第一个束

3）选择下一个束，如图 6-44 所示。

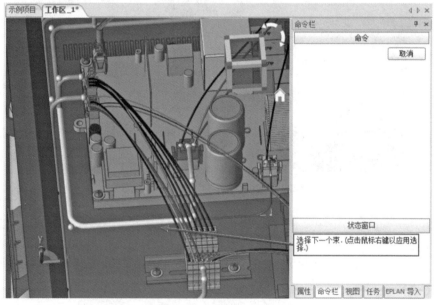

图 6-44　选择下一个束

4）重复选择下一个束，直到最后一个束，右击确定，如图 6-45 所示。

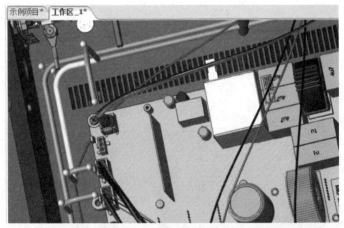

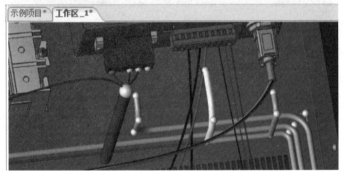

图 6-45　选择下一个束直到最后

5）在【视图】选项卡中单击【显示完整路径】按钮，并选中布线完成的导线，预览布线结果，如图 6-46 所示。

 提示：

在 EPLAN Harness proD Studio 的设计过程中，右下角状态窗口会提示用户进行每一步操作。

图 6-46　布线结果

6.3.2　半自动布线

1）选中需要布线的源对象，单击【布线】选项卡中的【半自动】按钮，如图 6-47 所示。

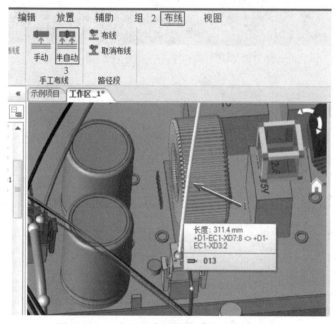

图 6-47　选中源对象并单击【半自动】按钮

2）选择布线的起点，如图 6-48 所示。

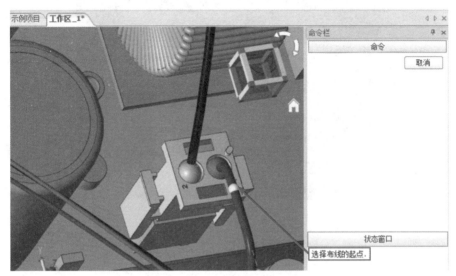

图 6-48　选择布线的起点

3）选择布线的终点，如图 6-49 所示。

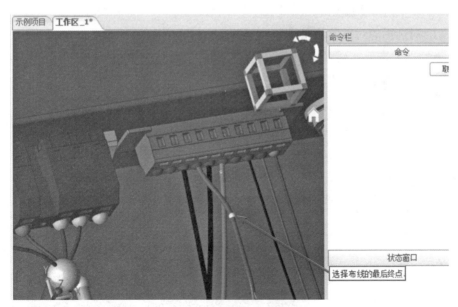

图 6-49　选择布线的终点

4）在【视图】选项卡中单击【显示完整路径】按钮，并选中布线完成的导线，预览布线结果，如图 6-50 所示。

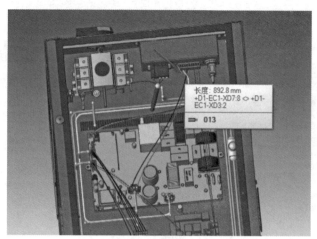

图 6-50　布线结果

6.3.3　自动布线

EPLAN Harness proD 提供了两种自动布线命令：一种是对选择对象（可同时选择导线和电缆）进行自动布线；另一种是对所有未布线的导线和电缆进行自动布线（导线和电缆不能同时选择）。

1. 对选择的对象自动布线

1）选中需要布线的源对象，按住〈Ctrl〉键多选，单击【布线】选项卡中的【选择】按钮，如图 6-51 所示。

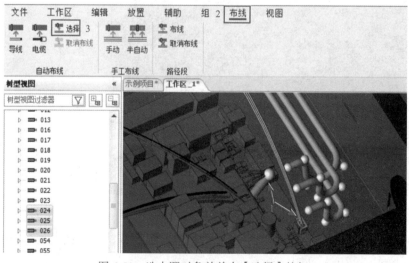

图 6-51　选中源对象并单击【选择】按钮

2）对选择的对象自动布线结果如图 6-52 所示。

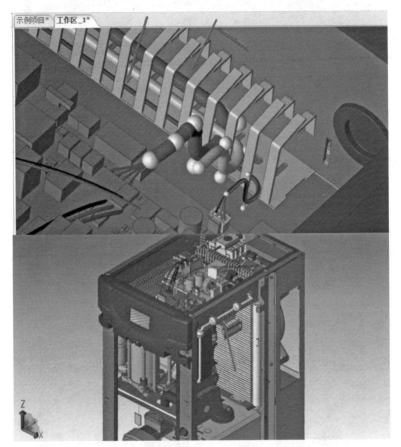

图 6-52　布线结果

2. 对未布线的导线自动布线

无须选中任何源对象，直接单击【布线】选项卡中的【导线】按钮，如图 6-53 所示。

图 6-53　直接单击【导线】按钮

所有未布线的导线将根据最短路径自动布线，如图 6-54 所示。

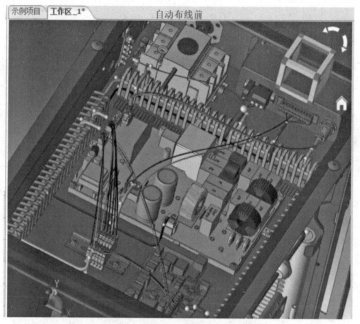

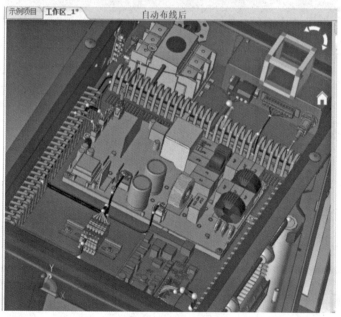

图 6-54　自动布线前后对比

3. 对未布线的电缆自动布线

无须选中任何源对象，直接单击【布线】选项卡中的【电缆】按钮，如图 6-55 所示。

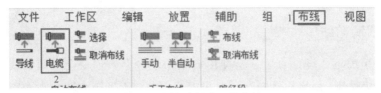

图 6-55 直接单击【电缆】按钮

所有未布线的电缆将根据最短路径自动布线，如图 6-56 所示。

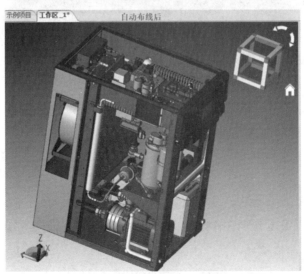

图 6-56 自动布线前后对比

6.3.4   取消布线

常规情况下，设计者更多会使用自动布线命令实现快速地对导线 / 电缆布线，但如果导线 / 电缆自动布线的路径不合理，则需进行取消布线操作，再对不合理布线的导线 / 电缆进行手动或半自动布线。

1）在工作区窗口中选中需要取消布线的对象，单击【布线】选项卡中的【取消布线】按钮，如图 6-57 所示。

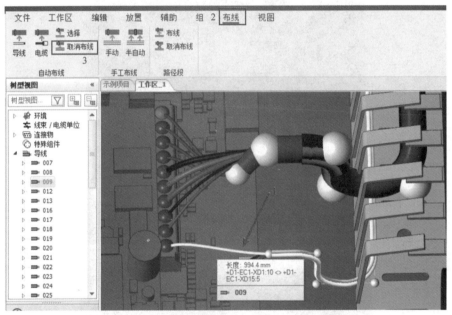

图 6-57   选中对象并单击【取消布线】按钮

2）取消布线后的效果如图 6-58 所示。

 提示：

选中对象后，右击，在弹出的快捷菜单中也有【取消布线】命令。如果选中的对象是电缆的某个芯线，则【取消布线】命令不可用，必须是在【树型视图】中选中电缆名，才能取消电缆的布线。

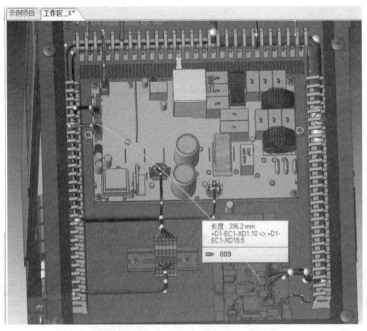

图 6-58　取消布线后的效果

3）使用【半自动】命令对刚才取消布线的导线重新布线，如图 6-59 所示。

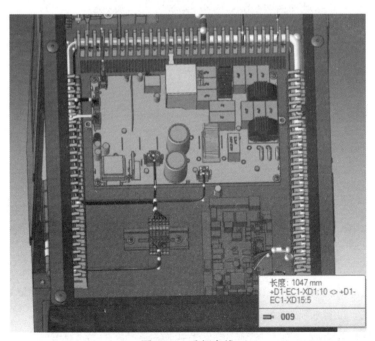

图 6-59　重新布线

6.4　放置 / 删除表面保护材料

　　3D 布线完成后，在工作窗口中选中某段路径，在右侧的【属性】栏中便可以得知该路径的最大外径，如图 6-60 所示，便于为该路径选择合理的表面保护材料型号。

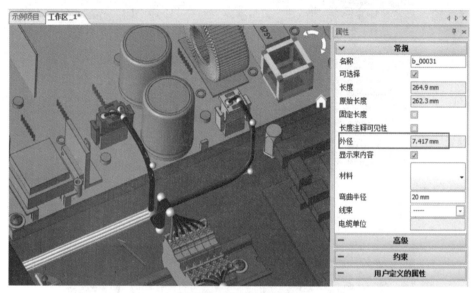

图 6-60　路径外径属性

6.4.1　放置编织套管

　　1）单击【放置】选项卡中的【编织套管】按钮，如图 6-61 所示。

图 6-61　放置编织套管

　　2）在【部件浏览器】窗口中选择 Protections → EPLAN → Braided sleeves → BS.000001，如图 6-62 所示。

　　3）选中需要放置编织套管的束，单击确认，如图 6-63 所示。

部件浏览器

类别	部件编号	直径	在物料清单中	成本/单位	重量/单
▲ 🗁 Protections	BS.000001	5~25 mm	☑	0.45 €	0.15 kg,
▲ 🗁 EPLAN	BS.000002	20~50 mm	☑	0,5 €	0,18 kg,
🗀 Braided sleeves	BS.000003	45~80 mm	☑	0,55 €	0,2 kg/r

图 6-62　选择编织套管类型

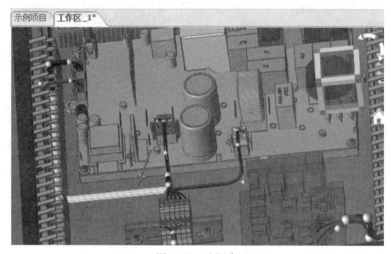

图 6-63　选择束

4）放置效果如图 6-64 所示。

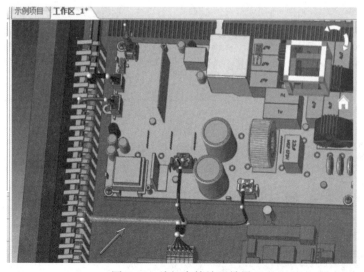

图 6-64　编织套管放置效果

5）按〈Space〉键重复放置同一型号的编织套管，如图 6-65 所示。

图 6-65　重复放置编织套管

6.4.2　放置绝缘套管

1）单击【放置】选项卡中的【编织套管】按钮，然后选择 Loom.000003，如图 6-66 所示。

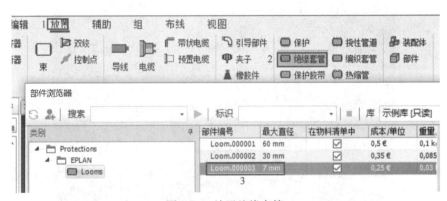

图 6-66　放置绝缘套管

2）选中需要放置绝缘套管的束，单击确认，如图 6-67 所示。

3）放置效果如图 6-68 所示。

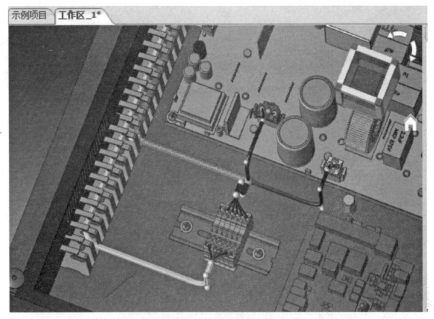

图 6-67 选择束

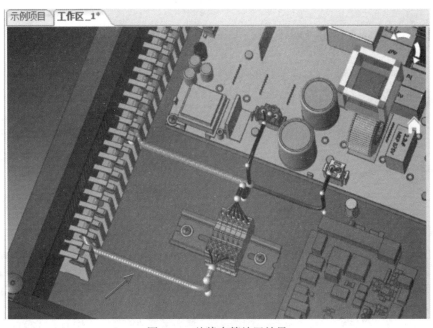

图 6-68 绝缘套管放置效果

4）按〈Space〉键重复放置同一型号的绝缘套管，如图 6-69 所示。

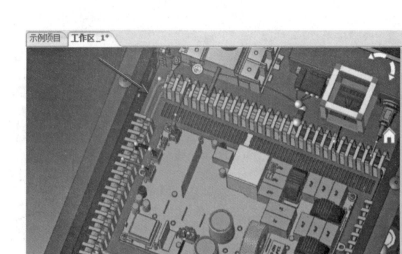

图 6-69　重复放置绝缘套管

6.4.3　放置保护胶带

1）单击【放置】选项卡中的【保护胶带】按钮，然后选择 WTP.000001，如图 6-70 所示。

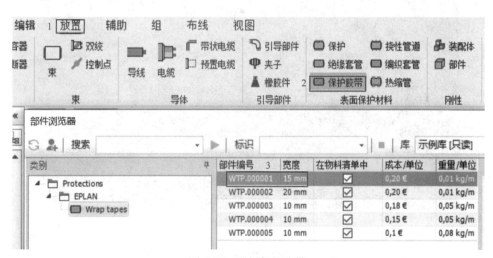

图 6-70　选择保护胶带

2）选中需要放置保护胶带的束，单击确认，如图 6-71 所示。

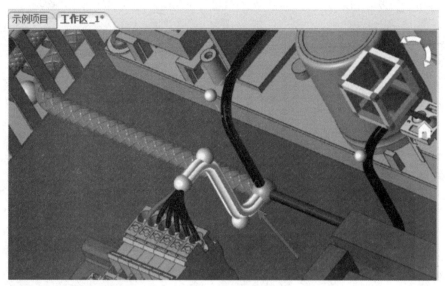

图 6-71　选择束

3）放置效果如图 6-72 所示。

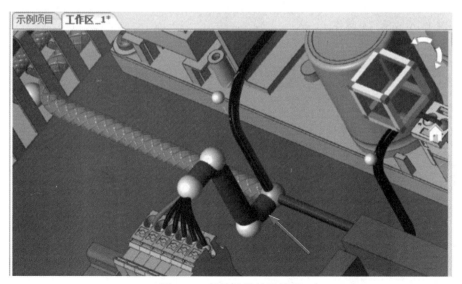

图 6-72　保护胶带放置效果

4）按〈Space〉键重复放置同一型号的保护胶带，如图 6-73 所示。

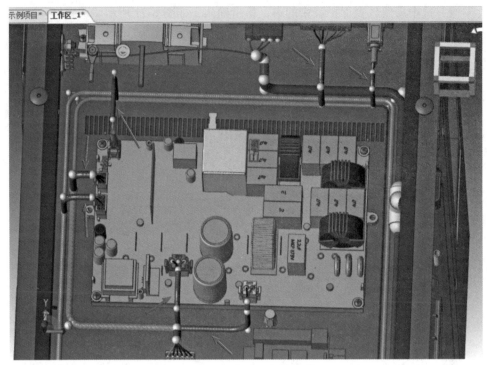

图 6-73　重复放置保护胶带

6.4.4　放置挠性管道

1）单击【放置】选项卡中的【挠性管道】按钮，然后选择 FT.000001，如图 6-74 所示。

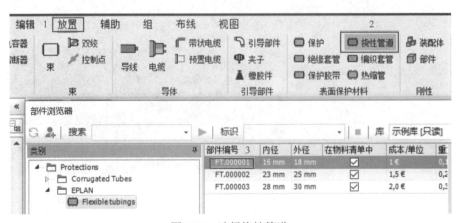

图 6-74　选择挠性管道

2）选中需要放置挠性管道的束，单击确认，如图 6-75 所示。

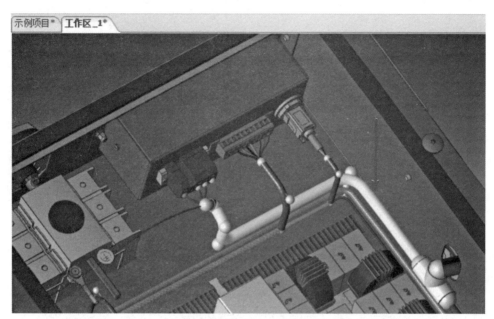

图 6-75　选择束

3）放置效果如图 6-76 所示。

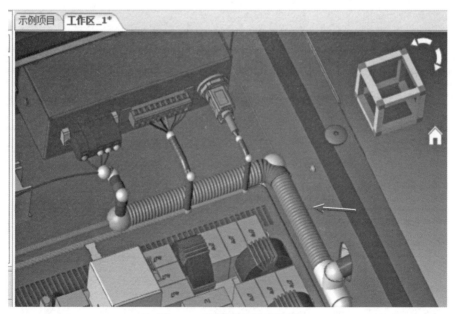

图 6-76　挠性管道放置效果

4）按〈Space〉键重复放置同一型号的挠性管道，如图 6-77 所示。

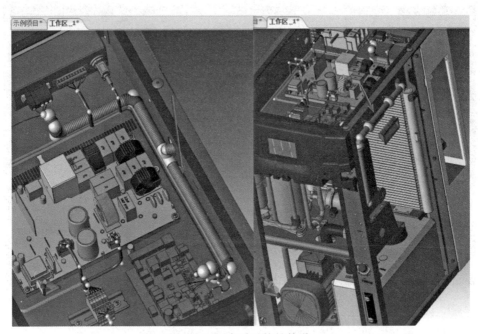

图 6-77　重复放置挠性管道

 提示：

　　设计应根据生产实际和工艺要求，选择合理的表面保护材料类型以及部件型号。

6.4.5　放置电缆扎带

　　在实际设计过程中，有的路径段的导线 / 电缆不需要使用表面保护材料进行保护，而只需要使用扎带，将多根导线 / 电缆进行捆扎即可。

　　1）单击【放置】选项卡中的【电缆扎带】按钮，然后选择 CT.000001，如图 6-78 所示。

图 6-78　选择电缆扎带

2）选中需要放置扎带的束及位置，单击确认，如图 6-79 所示。

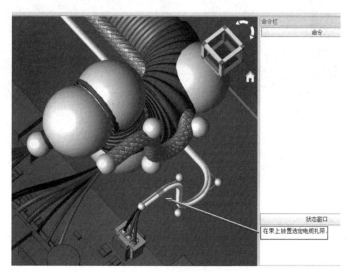

图 6-79　选择束及位置

3）放置效果如图 6-80 所示。

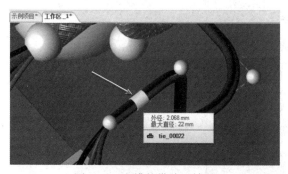

图 6-80　电缆扎带放置效果

4）选中扎带，单击【编辑】选项卡中的【重复电缆扎带】按钮，如图 6-81 所示。

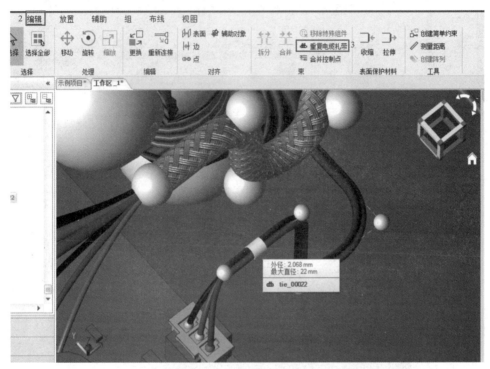

图 6-81　重复电缆扎带

5）在【构建助手】中的【距离】文本框中输入 50mm，按〈Enter〉键确认，单击【确定】按钮，如图 6-82 所示。

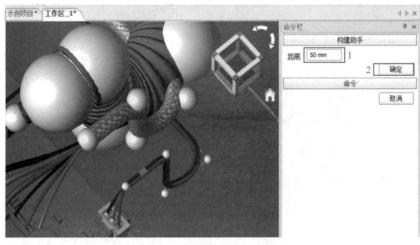

图 6-82　输入重复放置的距离

6）重复放置电缆扎带的效果如图 6-83 所示。

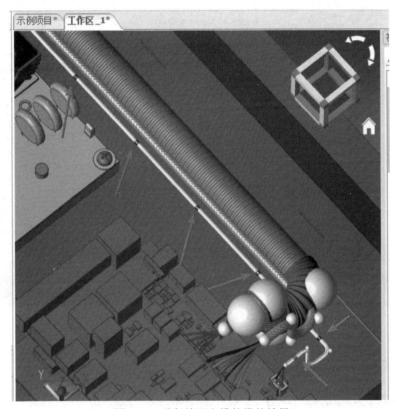

图 6-83　重复放置电缆扎带的效果

 提示：

　　通过【重复电缆扎带】命令可以实现快速地放置电缆扎带，提高设计效率。

6.4.6　放置环线

　　环线用于存储电缆或导线的额外长度。环线可用于束（包括具有表面保护材料的束）、电缆或导线的控制点上。

　　1）单击【编辑】选项卡中的【控制点】按钮，在束中增加控制点，如图 6-84 所示。

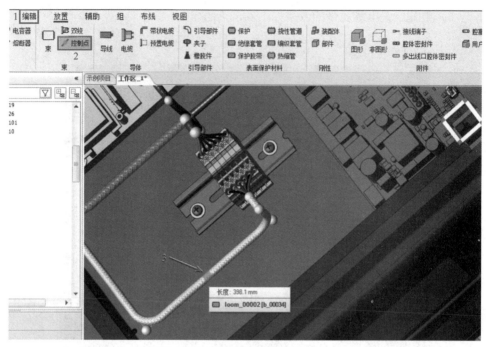

图 6-84　增加控制点

2）选中该控制点，单击【放置】选项卡中的【环线】按钮，如图 6-85 所示。

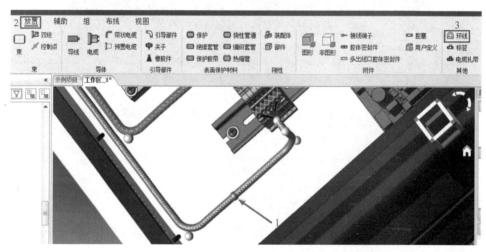

图 6-85　放置环线

3）放置的环线效果如图 6-86 所示。

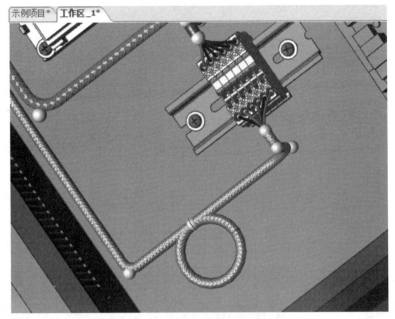

图 6-86 环线效果

4）选中该环线，在右侧【属性】栏里可以设置环线的直径和数量，如图 6-87 所示。

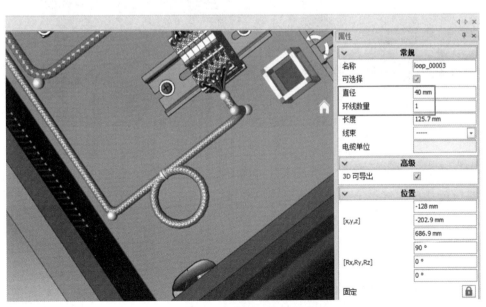

图 6-87 设置环线参数

提示：

通过设置环线直径和数量来预留合理的长度。

6.4.7 删除表面保护材料

在 EPLAN Harness proD Studio 中，不能在工作窗口中直接删除表面材料，必须在【树型视图】中进行删除操作。

1）在工作窗口中选中表面材料所在的束，【树型视图】将自动选中该束的名称，如图 6-88 所示。

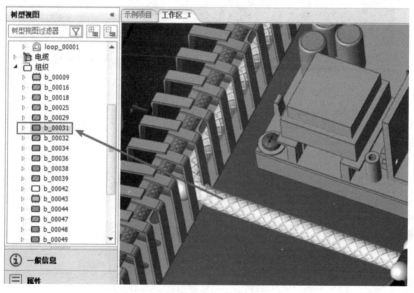

图 6-88　选中束

2）在【树型视图】中展开该束，选中下面的表面保护材料，右击，在弹出的快捷菜单中选择【删除】命令，或直接按〈Delete〉键进行删除，如图 6-89 所示。

 提示：

如果在工作窗口中选中束，并按〈Delete〉键，将删除整个束。

图 6-89　删除束下面的表面保护材料

6.5　自动附加零件

1）单击【工作区】选项卡中的【自动放置附加零件】按钮，如图 6-90 所示。

图 6-90　【自动放置附加零件】按钮

2）选中【接线端子】和【根据需要放置接线端子】复选框，单击【开始】按钮，如图 6-91 所示。

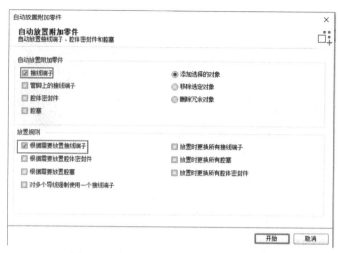

图 6-91　设置自动放置附加零件的条件

3）执行自动放置附加零件，并反馈放置结果，如图 6-92 所示。

图 6-92　反馈放置结果

4）根据反馈的放置结果，在【树型视图】中找到放置失败的导线终点，右击，在弹出的快捷菜单中选择【前往管脚】命令，如图 6-93 所示。

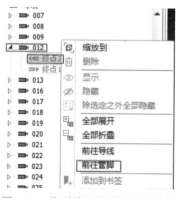

图 6-93　找到放置失败的导线终点

5）找到管脚对应的连接物部件编号 TE.350777-1，如图 6-94 所示。

图 6-94　找到连接物部件编号

6）在 EPLAN Harness proD Library 中找到该部件的接线端子设置界面，可以得知接线端子的接线截面积范围为 0.2~0.8mm²，外径范围为 1~2.5mm，如图 6-95 所示。

图 6-95　设置接线端子

7）在【树型视图】中选中导线 012，右击，在弹出的快捷菜单中选择【更换】命令，将导线更改为 0.5mm2-RD，如图 6-96 所示。

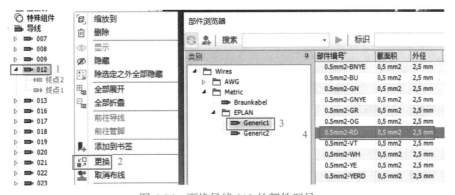

图 6-96　更换导线 012 的部件型号

8）通过同样的操作，将导线 013 更改为 0.5mm2-BK，如图 6-97 所示。

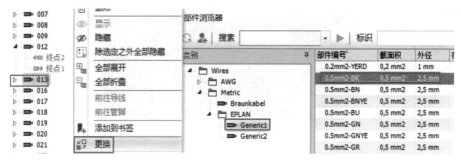

图 6-97　更换导线 013 的部件型号

9）再单击【自动放置附加零件】按钮，弹出的放置结果如图 6-98 所示，导线 012 和 013 上成功放置了接线端子。

自动放置附加零件

自动放置附加零件
自动放置接线端子、腔体密封件和腔塞

元素	消息
+D1-EC1-W1 - 3 [终点 1]	未在库中找到 [+D1-EC1-W1 - 3] [终点 1] 所需的接线端子.
+D1-EC1-W1 - 2 [终点 1]	未在库中找到 [+D1-EC1-W1 - 2] [终点 1] 所需的接线端子.
+D1-EC1-W1 - 1 [终点 1]	未在库中找到 [+D1-EC1-W1 - 1] [终点 1] 所需的接线端子.
TE.926896-1:1	已将对象 TE.926896-1:1 添加到 012[终点 2].
TE.926896-1:2	已将对象 TE.926896-1:2 添加到 013[终点 2].

图 6-98　放置结果

 提示：

通过【自动放置附加零件】命令，可以间接地验证部件是否创建正确以及原理设计的选型是否符合要求等问题。

6.6　任务检查

6.6.1　目视检查

导线 / 电缆 / 表面保护材料等部件在 EPLAN Harness proD Library 中设置了

外径大小和最小弯曲半径系数，如图 6-99 所示。

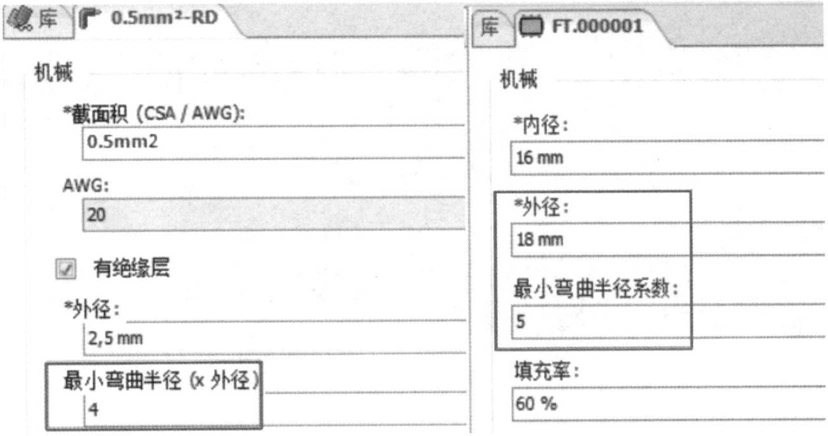

图 6-99　导线外径大小和最小弯曲半径系数

在 EPLAN Harness proD Studio 中布线时，如果导线 / 电缆 / 表面保护材料在工作区环境中的实际弯曲半径小于其在库中设置的最小弯曲半径，将会实时显示不同的颜色以提示"报错"，如图 6-100 所示。

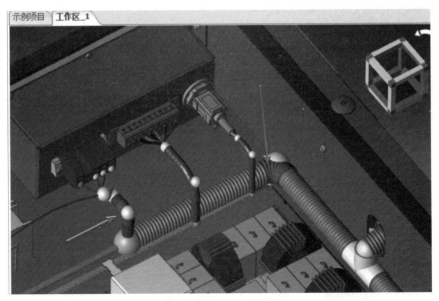

图 6-100　实时"报错"

直接对"报错"位置附近的控制点进行移动调整，或设置更大的弯曲半径，"报错"随即会消失，如图 6-101 所示。

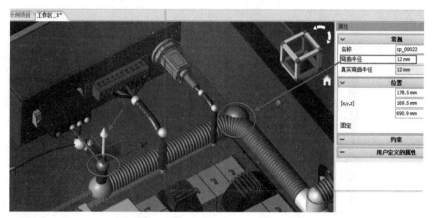

图 6-101　调整控制点，"报错"消失

 提示：

　　EPLAN Harness proD Studio 实时"报错"功能有助于在设计过程中实时发现布线的不合理之处，将错误消除在设计过程中。

6.6.2　任务列表检查

1. 弯曲半径检查

1）选择【任务】选项卡，单击【任务】栏右上角的【任务管理器】 按钮，弹出【任务管理器】窗口，如图 6-102 所示。

图 6-102　任务管理器

2）单击【任务管理器】中的【添加新配置】⊞按钮，输入新配置的名称为
弯曲半径检查，单击【确定】按钮，如图 6-103 所示。

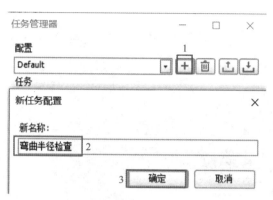

图 6-103 新增任务配置

3）选中【弯曲半径检查】配置，并选中【检查弯曲半径】任务类型的复选
框，单击【确定】按钮，如图 6-104 所示。

图 6-104 激活【检查弯曲半径】任务类型

4）在【任务】栏中单击【执行任务处理】 按钮，选择报错的对象并双击，工作窗口视图将直接跳转到"报错"位置，如图 6-105 所示。

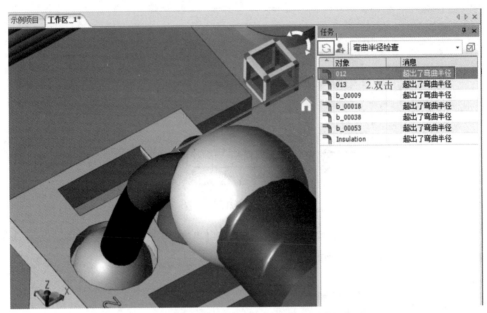

图 6-105　执行任务处理并跳转到"报错"位置

5）调整"报错"位置附近的控制点，直到"报错"消失，如图 6-106 所示。

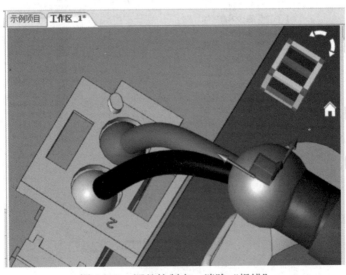

图 6-106　调整控制点，消除"报错"

6）再次在【任务】栏中单击【执行任务处理】 🔄 按钮，前后消息对比如图 6-107 所示，012 和 013 的错误消除。

图 6-107　刷新后的检查消息

7）重复 4）~6）操作步骤，直到【任务】选项卡中的检查消息为空为止，如图 6-108 所示，此时的设计才是最合理的设计。

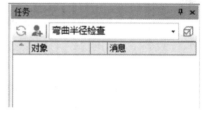

图 6-108　检查消息为空

2. 直径检查

直径检查用于检查为其定义的对象的直径是否超过了设定值。此任务用于预置电缆、引导部件、夹子、橡胶件、绝缘套管、编织套管、柔性管和热缩管。

1）新增【直径检查】配置，并选中【直径检查】任务类型的复选框，如图 6-109 所示。

图 6-109　新建任务配置并激活【直径检查】任务类型

2）在【任务】栏中单击【执行任务处理】🔄 按钮，选择报错的对象并双击，工作窗口视图将直接跳转到"报错"位置并自动在【树型视图】中选中该对象，如图 6-110 所示。

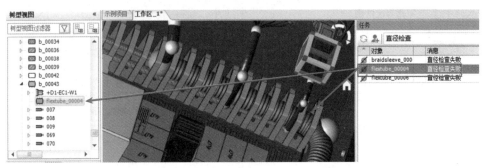

图 6-110　执行任务处理并跳转到"报错"位置

3）在【树型视图】中选中该表面材料所在束，在右侧【属性】栏中设置当前填充值为 101%，超过了该部件设置的填充率 60%，因此"报错"，如图 6-111 所示。

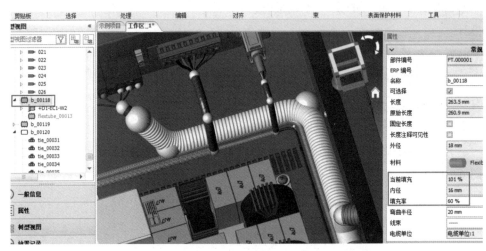

图 6-111　查找"报错"原因

4）在【树型视图】中选中该表面材料，右击，在弹出的快捷菜单中选择【更换】命令，更换为内径更大的部件，如图 6-112 所示。

5）再次在【任务】栏中单击【执行任务处理】🔄 按钮，前后消息对比如图 6-113 所示，错误消除。

图 6-112　更换部件

图 6-113　刷新后的检查消息

 提示：

　　EPLAN Harness proD Studio 提供的消息检查只是提示设计者将"错误"消除在设计环节，从而降低因设计问题导致的返工问题，提高产品迭代速度。设计者可以选择不执行任务检查。更多的检查任务及内容请查阅 www.eplan.help 官方在线帮助文档。

6.7　创建线束

6.7.1　设置

1）在 EPLAN Harness proD Studio 的后台视图中依次单击【设置】【应用】，

进入【设置】窗口，如图 6-114 所示。

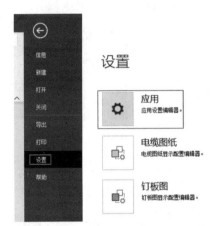

图 6-114 依次单击【设置】【应用】

2）在【设置】窗口中选择【工作区】节点下的【全自动】子节点，选中【自动传导线束隶属关系】复选框，单击【确定】按钮，如图 6-115 所示。

图 6-115 选中【自动传导线束隶属关系】复选框

提示：

　　选中【自动传导线束隶属关系】复选框后，在为部件分配线束时，根据连接关系，自动将所有有关联的对象分配到同一线束中。

　　3）在【树型视图】中选中所有端子，在右侧的【属性】栏中选中【线束分隔符】复选框，如图 6-116 所示。

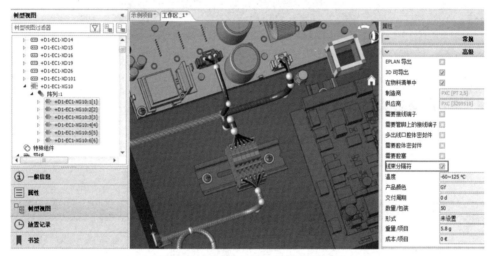

图 6-116　选中【线束分隔符】复选框

 提示：

　　选中【线束分隔符】复选框，可用于将对象指定给不同线束，也起到"阻断"【自动传导线束隶属关系】的功能。当一个对象存在可以同时隶属于不同线束的可能性时，需要选中该复选框，然后手动指定该对象属于具体哪个线束，因为一个对象在制造时只能属于一个线束。

　　4）为 +D1-EC1-XD1 也选中【线束分隔符】复选框，如图 6-117 所示。

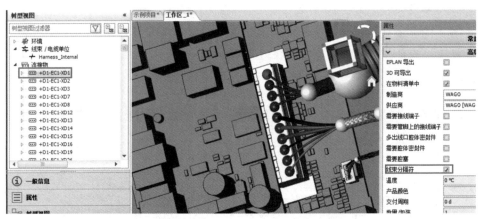

图 6-117　选中 +D1-EC1-XD1【线束分隔符】复选框

6.7.2　新建线束并分配对象

1）单击【组】选项卡中的【创建】按钮，创建一个新线束，将其名称更改为 Harness_Internal，按〈Enter〉键确定，如图 6-118 所示。

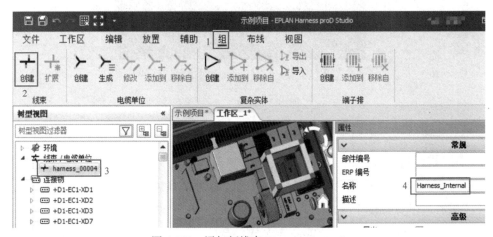

图 6-118　添加新线束 Harness_Internal

2）通过同样操作，再新增一个线束 Harness_External，按〈Enter〉键确定，如图 6-119 所示。

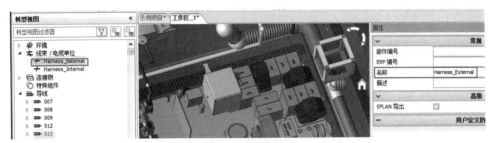

图 6-119 添加新线束 Harness_External

3）在工作窗口中选中束，在右侧【属性】栏中将其分配给线束 Harness_Internal，如图 6-120 所示。

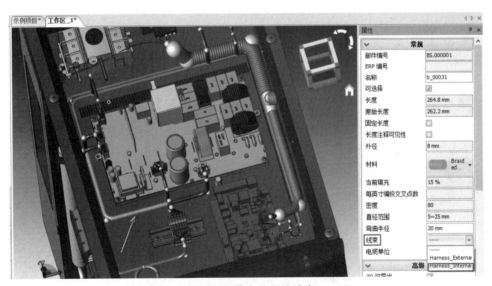

图 6-120 将束分配给线束

4）在【树型视图】中选中线束 Harness_Internal，并单击【视图】选项卡中的【隔离模式】按钮，在工作窗口中核实 Harness_Internal 是否包含了应有的对象，如图 6-121 所示。

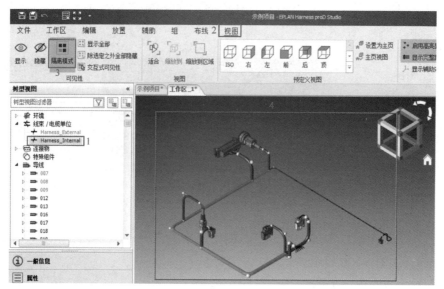

图 6-121　隔离模式下核实线束

 提示：

　　由于选中了【自动传导线束隶属关系】复选框，因此所有与所选束有关联关系的对象，如同一路径下的导线、导线两端的连接器、路径的表面保护材料、电缆扎带等，均自动分配给线束 Harness_Internal（除了选中了【线束分隔符】复选框的端子外）。

　　5）在【树型视图】中选中端子排并分配给线束 Harness_Internal，如图 6-122 所示。

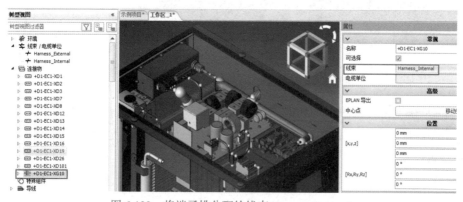

图 6-122　将端子排分配给线束 Harness_Internal

6）通过同样的操作，为线束 Harness_External 分配对象，如图 6-123 所示。

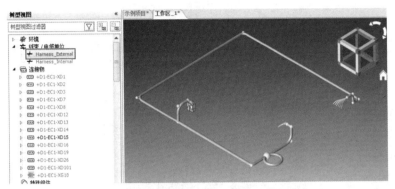

图 6-123　为线束 Harness_External 分配对象

 提示：

　　因为端子排已经分配给线束 Harness_Internal，所以其不能再分配给线束 Harness_External。

6.8　创建电缆单位

1）单击【组】选项卡中的【创建】按钮，创建一个新电缆单位，在右侧【命令栏】中拖动滚动条至底部，然后单击【确定】按钮，如图 6-124 所示。

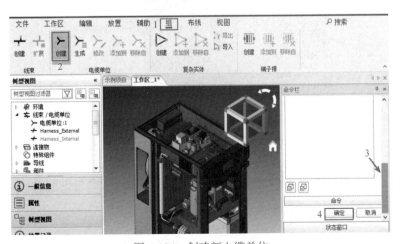

图 6-124　创建新电缆单位

2）在【树型视图】中选择新建的电缆单位，在右侧的【属性】栏中将名称更改为 CableUnit_Motor，按〈Enter〉键确定，如图 6-125 所示。

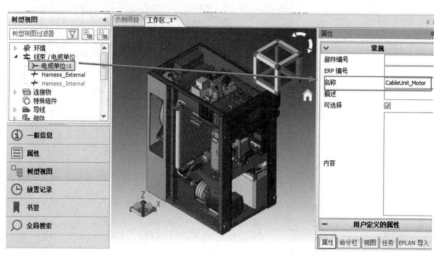

图 6-125　更改电缆单位名称

3）在工作窗口中选中 +D1-EC1-XD12，右击，在弹出的快捷菜单中选择【添加到电缆单位】命令，如图 6-126 所示。

图 6-126　将对象添加到电缆单位

4）在右侧【命令栏】中选中所有复选框，单击【确定】按钮，如图 6-127 所示。

5）在【树型视图】中选中电缆单位，并单击【视图】选项卡中的【隔离模式】按钮，预览电缆单位所含对象，如图 6-128 所示。

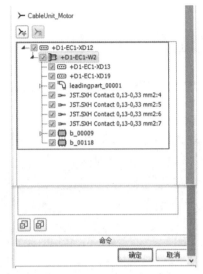

图 6-127 选中所有复选框

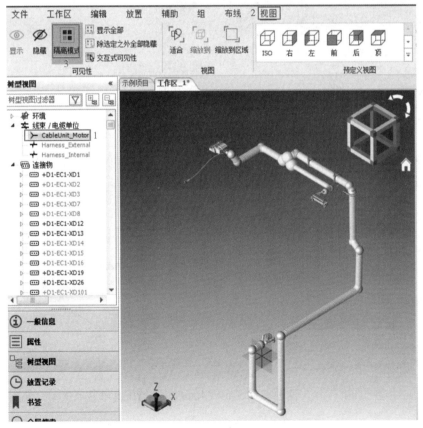

图 6-128 隔离模式下的电缆单位

6.9 保存视图

1）保存线束 Harness_Internal 隔离模式下的视图，如图 6-129 所示。

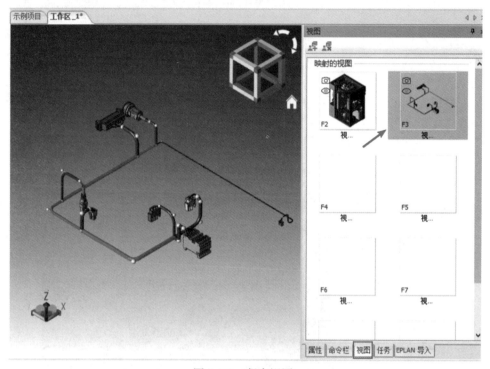

图 6-129　保存视图

2）选中保存的视图，右击，在弹出的快捷菜单中选择【重命名视图】命令，将名称更改为 Harness_Internal，如图 6-130 所示。

3）通过同样的操作，保存 Harness_External 的视图并重命名该视图，如图 6-131 所示。

图 6-130　重命名视图

4）通过同样的操作，保存 CableUnit_Motor 的视图并重命名该视图，如图 6-132 所示。

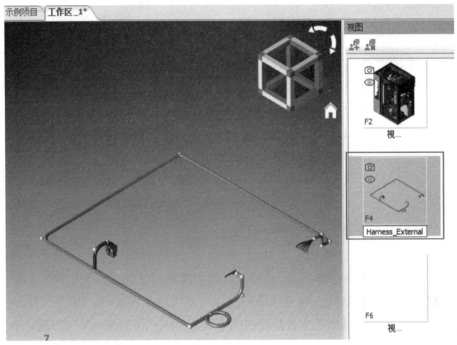

图 6-131　保存并重命名 Harness_External 视图

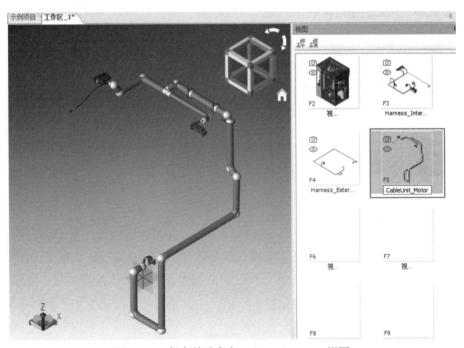

图 6-132　保存并重命名 CableUnit_Motor 视图

第 7 章
钉板图设计

钉板图是线束部件的二维平面表达，用于线束、电缆或带状电缆的制造中。在钉板图中，所有导线、电缆和线束段均以直线展开和绘制。EPLAN Harness proD Studio 钉板图可用于准备最终的线束制造图纸，该制造图纸可以进一步用于制造线束。

📚 **本章练习的目的：**

- 掌握钉板图的创建与调整
- 掌握钉板图显示配置集编辑器的使用
- 掌握钉板图的更新和导出
- 掌握钉板图的模板保存

7.1 术语解释

7.1.1 钉板图

钉板图是根据电气原理图、线束三维布置等相关信息完成的线束平面图纸，一般来说，钉板图包含线束分支长度、导线线号、线径、连接器型号、管脚定义和线束表面保护材料等必要信息。钉板图主要用来指导线束生产的物料采购、制造以及维修等工作。

7.1.2　钉板图环境

钉板图环境由导航面板、工作窗口、属性栏、功能区以及快速访问工具栏组成，如图 7-1 所示。

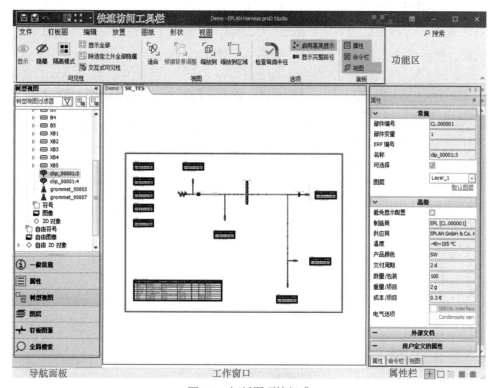

图 7-1　钉板图环境组成

- **导航面板**：显示在左侧边栏（默认）并且包含以下选项卡，一般信息、属性、树型视图、图层、钉板图源、全局搜索。
- **工作窗口**：2D 线束布局的位置，位于 EPLAN Harness proD Studio 屏幕中心（默认），可以在工作窗口中对钉板图的形状、位置进行调整。
- **属性栏**：显示在右侧边栏中（默认）并且显示当前所选对象的属性。可以编辑这些属性以更好地适合用户的需求。
- **功能区**：EPLAN Harness proD Studio 钉板图操作命令的集合。
- **快速访问工具栏**：由常用命令构成，如保存、撤销、关闭等，以便快速访问。

7.2　钉板图创建

创建钉板图前，请先保存工作区。

1）单击【工作区】选项卡中的【钉板图】按钮，在弹出的【新建钉板图】对话框中将名称命名为 NB_Harness_Internal，并选中【创建后打开钉板图】复选框，然后单击【下一步】按钮，如图 7-2 所示。

图 7-2　创建钉板图并命名

 提示：

　　如果未选中【创建后打开钉板图】复选框，则创建完成后需要在【项目结构】中手动打开钉板图。

2）在【钉板图模板】中选中【默认设置】单选按钮，并单击【下一步】按钮，如图 7-3 所示。

图 7-3　使用默认设置

3）在【线束】中选中 Harness_Internal 前的【使用】复选框，然后单击【下一步】按钮，如图 7-4 所示。

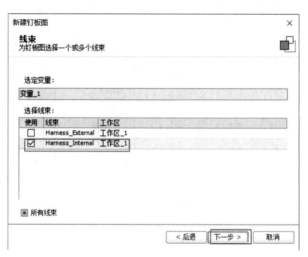

图 7-4　选择线束

4）在【显示配置】中选择默认配置，然后单击【完成】按钮，如图 7-5 所示。

 提示：

该显示配置为钉板图显示配置集编辑器中的配置。

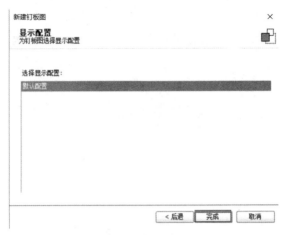

图 7-5　选择显示配置

5）软件自动打开钉板图环境，如图 7-6 所示。

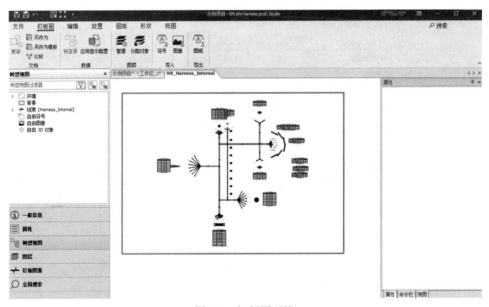

图 7-6　钉板图环境

7.3　钉板图布局调整

EPLAN Harness proD Studio 提供了数十种调整线束二维布局的工具和命令，使钉板图的设计能满足各种用户不同的设计需求。本节仅演示其中部分常用的工具和命令，更多命令和使用请查阅 www.eplan.help 中的 EPLAN Harness proD Studio 在线帮助文件。

7.3.1 设置钉板图图框

1）在【树型视图】的【环境】节点下选择【图框：1】，然后在右侧【属性】栏中将打印缩放比例改为 1，如图 7-7 所示。

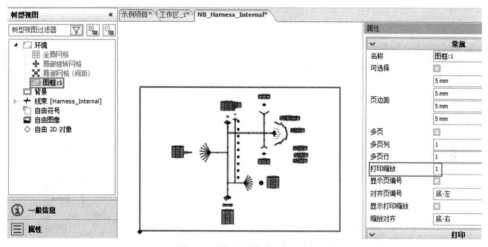

图 7-7 设置图框打印比例

2）纸张尺寸选择 A0，如图 7-8 所示。

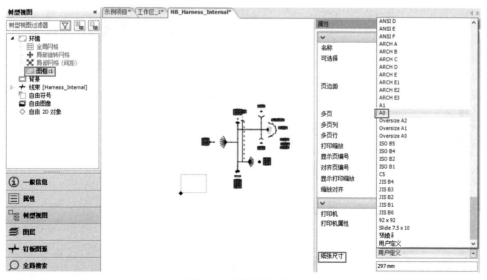

图 7-8 设置纸张尺寸

提示：

　　如果纸张尺寸没有 A0 选项，则可能需要在计算机中先安装支持 A0 的
打印机，如虚拟打印机。

3）在工作窗口中选中图框左下角基准点，如图 7-9 所示。

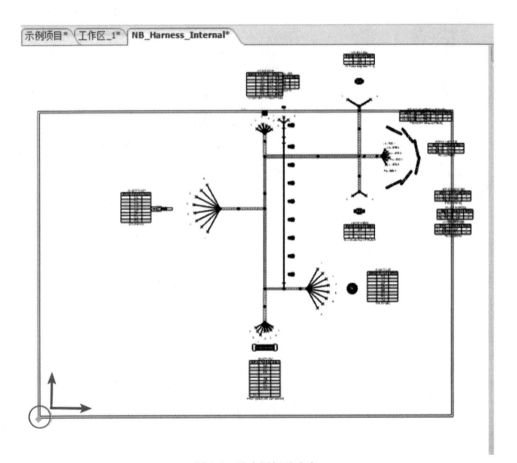

图 7-9　选中图框基准点

4）移动图框，尽量让线束二维图纸在图框的正中，如图 7-10 所示。

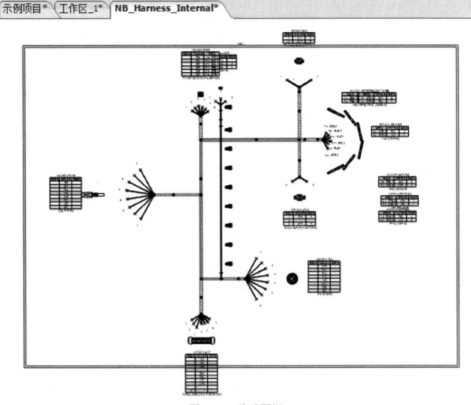

图 7-10 移动图框

7.3.2 移动线束组件

1）单击【编辑】选项卡中的【移动组件】按钮，如图 7-11 所示。

图 7-11 【移动组件】按钮

2）选中线束中的任意对象，线束组件周围会显示一个矩形，如图 7-12 所示。

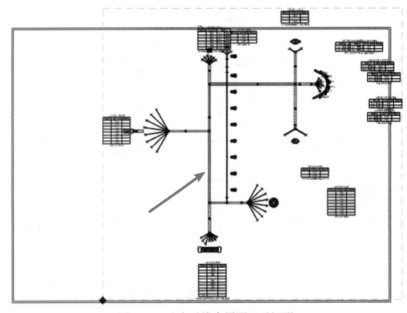

图 7-12 选中后线束周围显示矩形

3）拖动左下角的基准点，即可对整个线束实现整体移动，如图 7-13 所示。

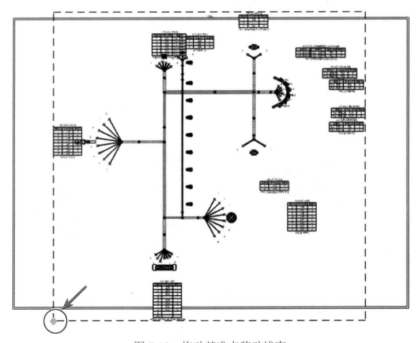

图 7-13 拖动基准点移动线束

提示：

　　移动线束组件和移动图框的效果是一样的，用户可以根据需要进行操作。

7.3.3　移动线束段

　　移动线束段命令能确定线束的形状（如电缆、束、表面保护材料等），使钉板图更适合后端的制造流程。

　　1）单击【编辑】选项卡中的【移动段】按钮，在工作窗口中选择控制点作为基准点，如图 7-14 所示。

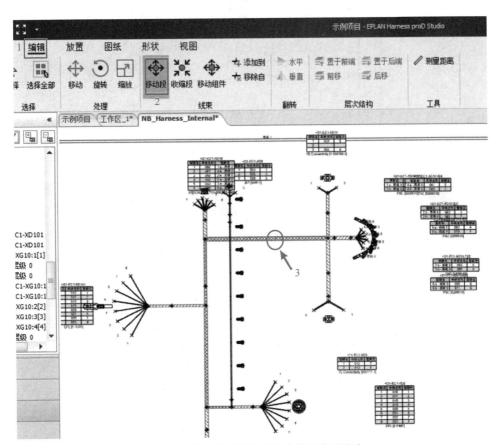

图 7-14　使用移动线束段命令并指定基准点

提示:

控制点、钉板图中添加的控制点、标签和扎带都可用作基准点。

2）在右侧【命令栏】中选中【可见网格】单选按钮，并选择另一个控制点作为绕基准点旋转的起点，如图 7-15 所示。

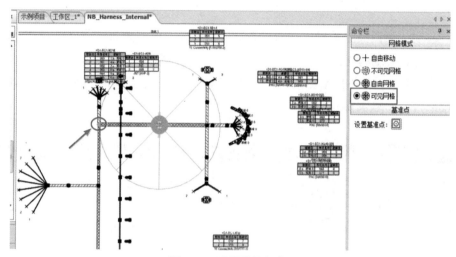

图 7-15 选择旋转起点

3）拖动起点，绕基准点顺时针旋转 90°，如图 7-16 所示。

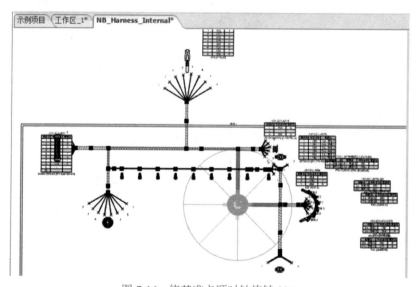

图 7-16 绕基准点顺时针旋转 90°

4）在右侧【命令栏】中单击【设置基准点】按钮，在工作窗口中重新设置基准点，如图 7-17 所示。

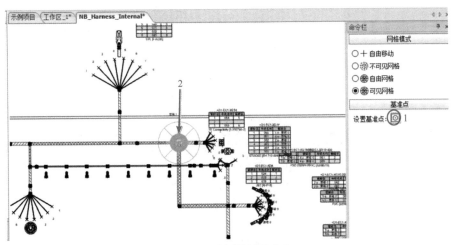

图 7-17 重新设置基准点

5）重新选择旋转起点并绕基准点顺时针旋转 90°，如图 7-18 所示。

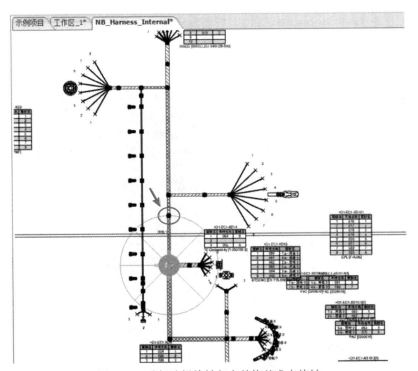

图 7-18 重新选择旋转起点并绕基准点旋转

6）通过重复设置基准点和旋转起点来调整线束的形态，最终样式如图 7-19 所示。

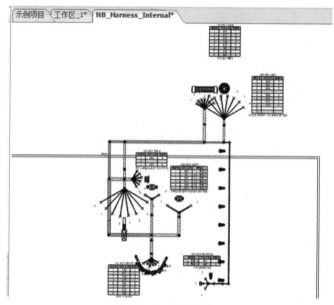

图 7-19 最终样式

7）线束 Harness_Internal 钉板图最终样式与其在工作区中的三维状态对比如图 7-20 所示。

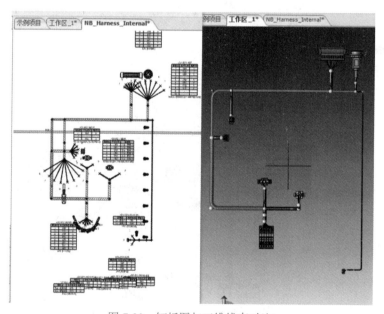

图 7-20 钉板图与三维线束对比

提示:

在调整线束钉板图的过程中，可以参考其在三维空间的样式。这也是为什么钉板图的图纸比例一般是 1∶1 的原因。

8）为了便于钉板图的制造，需要对最终样式进行优化调整，避免制造时的干涉，同时结合移动线束组件将其移动至图框中心，如图 7-21 所示。

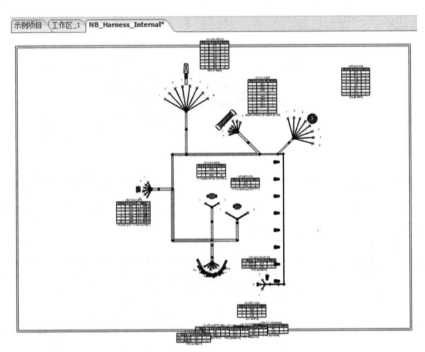

图 7-21　优化后的钉板图

7.3.4　移动/旋转/缩放对象

1）单击【编辑】选项卡中的【移动】按钮，在工作窗口中选中需要移动的对象，拖动对象即可；也可以在右侧的【命令栏】中输入数值，实现固定距离的移动，如图 7-22 所示。

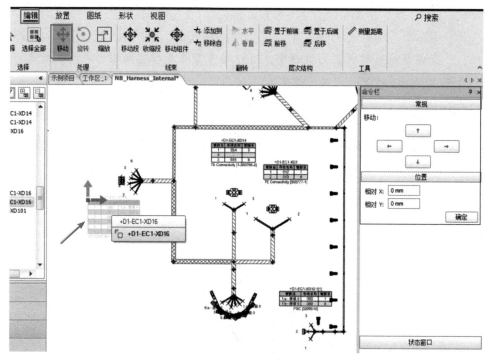

图 7-22　移动对象

2）单击【编辑】选项卡中的【旋转】按钮，在工作窗口中选中需要旋转的对象，拖动旋转图标即可；也可以在右侧的【命令栏】中输入数值，实现固定角度的旋转，如图 7-23 所示。

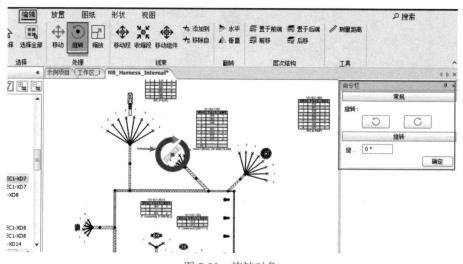

图 7-23　旋转对象

3）单击【编辑】选项卡中的【缩放】按钮，在工作窗口中选中需要缩放的对象，拖动缩放图标即可；也可以在右侧的【命令栏】中单击【缩小】或【放大】按钮，如图 7-24 所示。

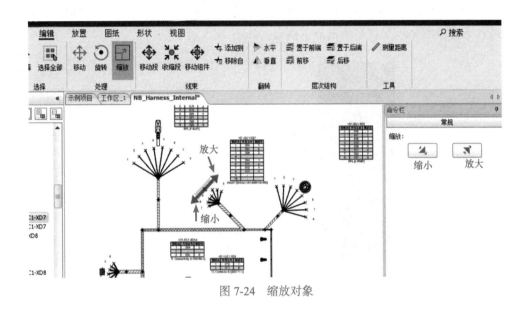

图 7-24　缩放对象

> 提示：
>
> 　　可以在钉板图中采用直接拖动的方式移动对象；不是所有对象都可以旋转，因此建议先选择对象，如果【旋转】按钮可用，则可单击【旋转】按钮；结合使用【移动】【旋转】【缩放】按钮，可使钉板图中各对象布局更合理，从而提高钉板图的可读性。

7.4　钉板图显示配置

钉板图中对象的显示与否，以及对象显示的内容如连接物符号、连接物表格、导线列表等，可以通过调整钉板图显示配置集编辑器，实现批量放置、统一显示内容，也可以直接在属性面板中进行单一修改。前者主要用于统一显示风格，后者主要用于特定对象的个性化显示。

7.4.1   通过显示配置集编辑器调整

1. 新建显示配置

1）在 EPLAN Harness proD Studio 后台视图中单击【设置】中的【钉板图】，进入【钉板图显示配置集编辑器】窗口，如图 7-25 所示。

图 7-25   钉板图显示配置集编辑器

2）在【钉板图显示配置集编辑器】窗口中单击【新显示配置】＋按钮，然后给该显示配置输入名称为示例项目，单击【确定】按钮，如图 7-26 所示。

图 7-26   新显示配置

2. 连接物表格

1）选择【示例项目】显示配置，在【表格】节点下选择【连接物表格】，并在右侧选中【放置】【使用标头】【使用注解】【使用标题】【自动调整】复选框，取消选中【未连接的导线】【未连接的管脚】复选框，如图 7-27 所示。

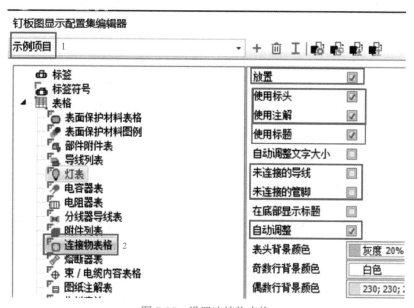

图 7-27　设置连接物表格

2）在右侧【列】选项栏中先单击【全部不选择】 ⊡ 按钮，然后选中需要显示的属性前的【显示】复选框，如选中【连接物自】复选框，并单击 ▲【移动到开头】按钮，如图 7-28 所示。

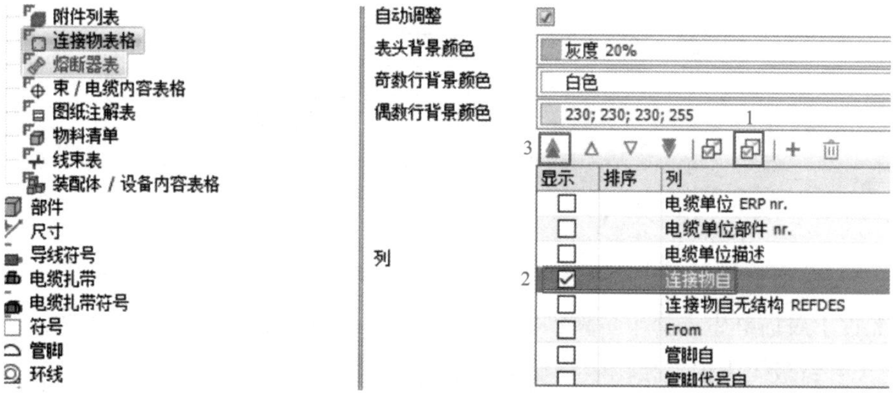

图 7-28　选中需要显示的属性并移动到开头

3）选中其余需要显示的属性，并依次移动到开头，如图 7-29 所示。

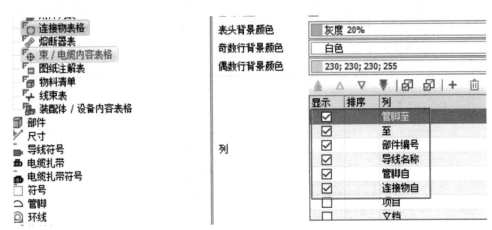

图 7-29　选中其余需要显示的属性并移动到开头

4）选中属性，通过【向上移动】△和【向下移动】▽按钮调整属性显示的
顺序，如图 7-30 所示，最后单击右下角的【确定】按钮。

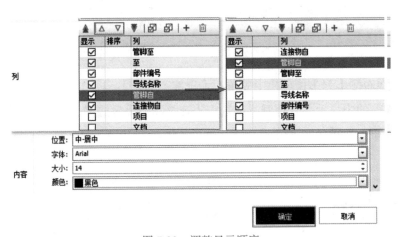

图 7-30　调整显示顺序

5）单击【钉板图】选项卡中的【应用显示配置】按钮，在弹出的【应用显
示配置】对话框中选择【示例项目】，并单击【确定】按钮，如图 7-31 所示。

6）钉板图中的连接物表格显示效果如图 7-32 所示。

图 7-31 应用显示配置

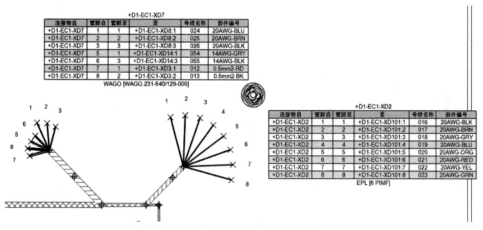

图 7-32 连接物表格显示效果

7）重新进入编辑器并更新【连接物表格】中【列】的显示信息，然后单击
【确定】按钮，如图 7-33 所示。

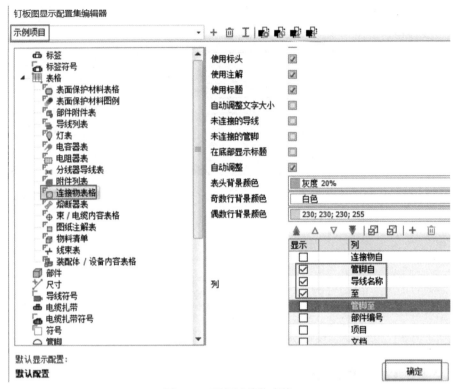

图 7-33   更新连接物表格

8）重新应用显示配置，更新后的钉板图中的连接物表格如图 7-34 所示。

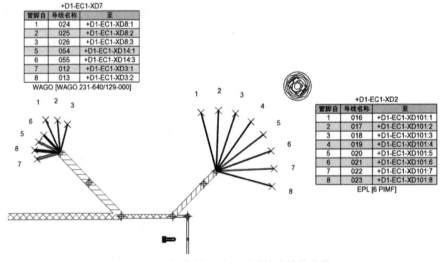

图 7-34   重新应用显示配置后的连接物表格

提示：

　　当存在多个显示配置时，修改任何内容前，一定要确认是否选择了正确的显示配置；必须重新执行【应用显示配置】命令，才能将更改后的显示配置应用到钉板图中；应用显示配置后，不能撤回该操作。

3. 导线列表

　　在【示例项目】显示配置中选中【导线列表】子节点，在右侧的【列】选项卡中选中需要显示的内容并调整顺序，如图 7-35 所示，然后单击【确定】按钮。

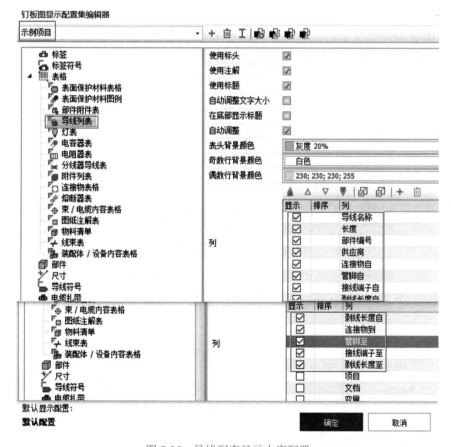

图 7-35　导线列表显示内容配置

提示：

　　导线列表用于导线预制，因此显示的内容需要有导线名称（线号）、长度、部件编号、导线两端的接线端子及剥线长度等必要信息；导线列表中有接线端子的前提条件是在 EPLAN Harness proD Library 为部件设置了接线端子（参考 3.3.3 小节"接线端子设置"），以及在 EPLAN Harness proD Studio 中使用了【自动附加零件】功能并添加了接线端子到导线（参考 6.5 节"自动附加零件"）；导线列表为了配合连接物接线，因此需要两端连接物名称及管脚信息。

4. 物料清单

　　在【示例项目】显示配置中选中【物料清单】子节点，在右侧的【列】选项卡中选中需要显示的内容并调整顺序，在【编号】前的【排序】列中单击，按编号排序，如图 7-36 所示，然后单击【确定】按钮。

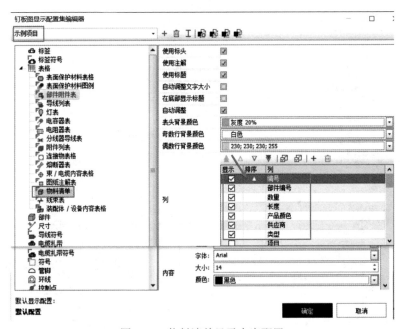

图 7-36　物料清单显示内容配置

5. 表面保护材料图例

　　在【示例项目】显示配置中选中【表面保护材料图例】子节点，在右侧的

【列】选项卡中选中需要显示的内容并调整顺序，如图 7-37 所示，然后单击【确定】按钮。

图 7-37　表面保护材料图例显示内容配置

6. 管脚

在【示例项目】显示配置中选中【管脚】节点，在右侧选中【显示接线端子】和【默认注释】复选框，并将【大小】更改为 1mm，如图 7-38 所示，然后单击【确定】按钮。

图 7-38　设置管脚

在钉板图中应用显示配置后，效果如图 7-39 所示。

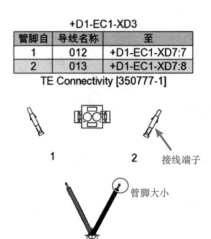

图 7-39 管脚的显示效果

7. 控制点

在【示例项目】显示配置中选中【控制点】节点，在右侧选中【显示符号】复选框，并将【大小】值改为 2mm，如图 7-40 所示，然后单击【确定】按钮。

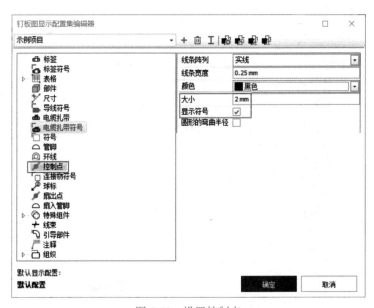

图 7-40 设置控制点

在钉板图中应用显示配置后，效果如图 7-41 所示。

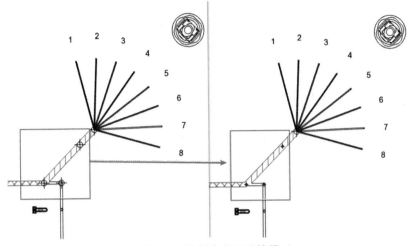

图 7-41　控制点的显示效果

 提示：

更多的钉板图对象的显示调整设置，请查阅 www.eplan.help。

7.4.2　通过属性面板调整

1）在工作窗口中选中需要特定调整显示的对象，如端子的出线点（扇出点），在右侧【属性】栏中选中【避免显示配置】复选框，如图 7-42 所示。

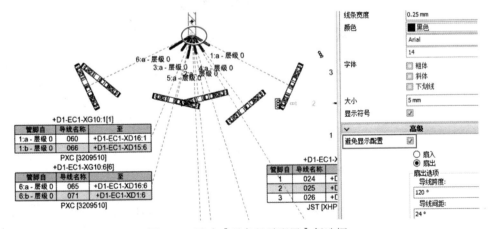

图 7-42　选中【避免显示配置】复选框

提示:

　　为防止通过属性面板的更改被显示配置的设置覆盖，因此必须选中【避免显示配置】复选框。

　　2）选中【扇出】单选按钮，在【导线跨度】文本框中输入 150° 并按〈Enter〉键确认。【注解类型】选择导线名称，在【方向】文本框中输入 0°，并同时选中【显示管脚符号】【对齐文字】【管脚注解】复选框，如图 7-43 所示。

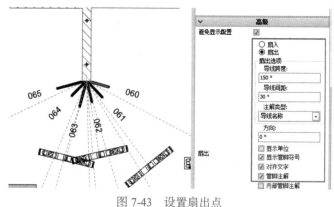

图 7-43　设置扇出点

　　3）删除所有端子的连接物符号，如图 7-44 所示。

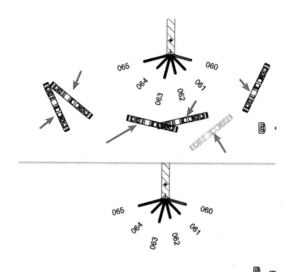

图 7-44　删除端子连接物符号

4）选择 1 号端子的连接物表格，在右侧【属性】栏中选中【避免显示配置】复选框，并取消选中【使用注解】复选框，如图 7-45 所示。

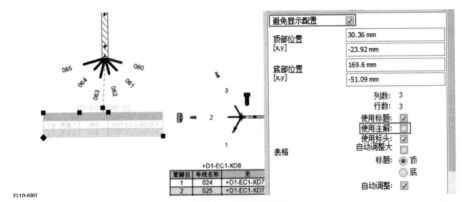

图 7-45　设置 1 号端子连接物表格

5）选择 2~5 号端子的连接物表格，选中【避免显示配置】复选框，并取消选中【使用标题】【使用注解】【使用标头】三个复选框，依次移动到 1 号端子的连接物表格下，如图 7-46 所示。

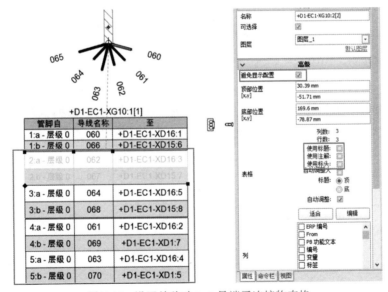

图 7-46　设置并移动 2~5 号端子连接物表格

6）选择 6 号端子的连接物表格，选中【避免显示配置】和【使用注解】复选框，并取消选中【使用标题】和【使用标头】复选框，移动到 5 号端子的连接物表格下，如图 7-47 所示。

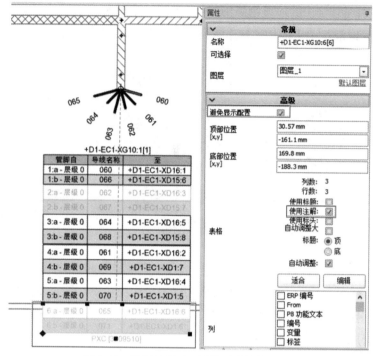

图 7-47　设置并移动 6 号端子连接物表格

 提示：

　　如果端子过多，比较好的方案是直接删除所有端子的连接物表格，只保留扇出点的导线名称信息，因为导线列表中已经有完善的连接关系，只需要在钉板图中放置导线列表即可。

7.5　表格放置及尺寸标注

7.5.1　放置表格

　　在放置表格之前，应先执行【应用显示配置】命令，确保放置的表格与显示配置中的表格内容一致。

　　1）在钉板图中先执行【应用显示配置】命令，然后单击【放置】选项卡中的【导线列表】按钮，并将表格放置在钉板图中，如图 7-48 所示。

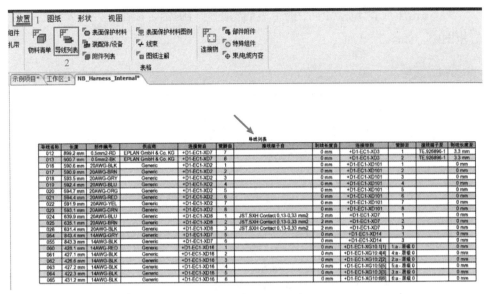

图 7-48 放置导线列表

2）单击【放置】选项卡中的【物料清单】按钮，并将表格放置在钉板图中，如图 7-49 所示。

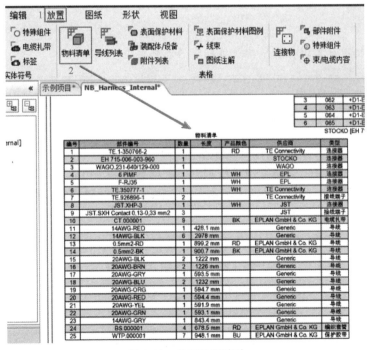

图 7-49 放置物料清单

3）单击【放置】选项卡中的【表面保护材料图例】按钮，并将表格放置在钉板图中，如图 7-50 所示。

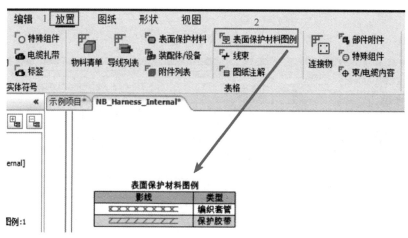

图 7-50　放置表面保护材料图例

 提示：

根据设计需求在图纸中放置相应的表格类型。

7.5.2　尺寸标注

EPLAN Harness proD Studio 提供了两种快速尺寸标注的命令：内部尺寸和外部尺寸。前者可测量两个相邻控制点之间线束段的实际长度，结果显示在束 / 电缆中；后者可测量束 / 电缆中线束段的实际长度。此段在钉板图 / 电缆图纸环境中通过两个控制点来表示。

1. 放置内部尺寸

单击【图纸】选项卡中的【内部】按钮，然后在工作窗口中依次选择需要测量的两个控制点，测量的值将自动放置在线束中，如图 7-51 所示。

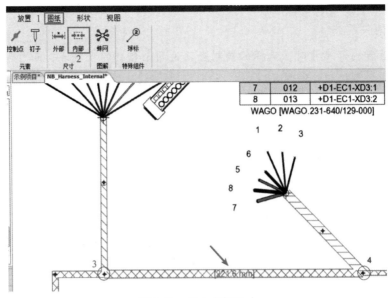

图 7-51　插入内部尺寸

2. 放置外部尺寸

单击【图纸】选项卡中的【外部】按钮，在工作窗口中依次选择需要测量的两个控制点，并确定测量的值的放置位置，如图 7-52 所示。

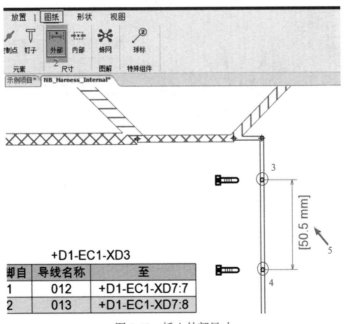

图 7-52　插入外部尺寸

提示：

放置内部尺寸时，选择的控制点须为两个相邻的控制点；而外部尺寸可以选择非相邻的控制点。

7.6 钉板图完善

7.6.1 移动导线

扇出点默认的导线跨度是 120°，如果线束的对象比较多，则部分扇出点的导线和其他对象有干涉，如图 7-53 所示，此时可能需要通过移动导线来避开干涉。

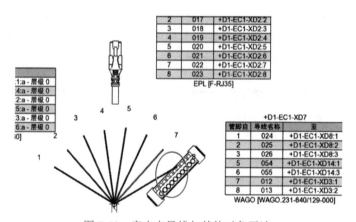

图 7-53　扇出点导线与其他对象干涉

在工作窗口中选中管脚，然后拖动在导线末端上的"黑点"，完成导线的移动，如图 7-54 所示。

提示：

移动导线只能通过拖动该导线末端的"黑点"，前提是已选中导线。

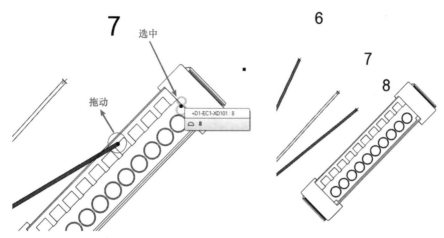

图 7-54 拖动导线上的"黑点"移动导线

7.6.2 移动接线端子

对于成功附加了接线端子的导线，如果在钉板图中放置了接线端子 2D 符号，默认情况下，一般距离导线末端较远，如图 7-55 所示，因此需要通过移动接线端子，使其"完美附着"在导线的末端。

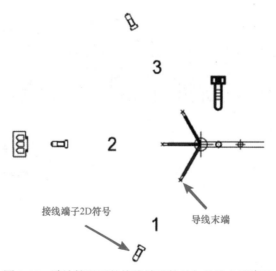

图 7-55 默认情况下的接线端子符号与导线末端情况

在工作窗口中选中接线端子 2D 符号，然后拖动接线端子 2D 符号中心的"黑点"直至导线末端，如图 7-56 所示。

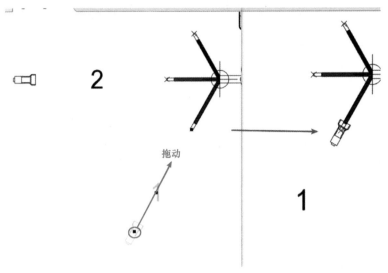

图 7-56　拖动接线端子 2D符号到导线末端

7.6.3　完成钉板图设计

综合应用前面章节描述的功能，完成线束 Harness_Internal 的钉板图设计，如图 7-57 所示。

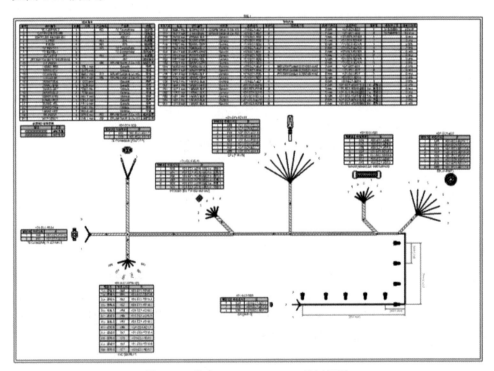

图 7-57　线束 Harness_Internal 的钉板图

7.7 钉板图更新

在 EPLAN Harness proD Studio 工作区进行任意操作，然后保存工作区，在【项目结构】中钉板图将实时显示为待更新状态，如图 7-58 所示。

可以在【项目结构】视图下直接更新。选中待更新的钉板图，右击，在弹出的快捷菜单中选择【更新】命令即可，如图 7-59 所示。

如果正在编辑钉板图，也可以在钉板图环境中进行更新操作，单击【钉板图】选项卡中的【更新】按钮即可，如图 7-60 所示。

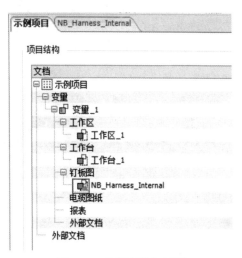

图 7-58　待更新的钉板图

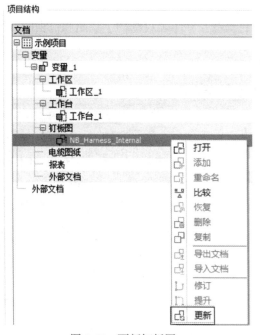

图 7-59　更新钉板图

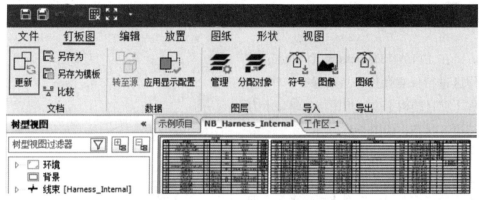

图 7-60　在钉板图环境中更新钉板图

提示：

如果【更新】按钮不可用，则表示该钉板图不需要更新。

更新完成后的钉板图，在【项目结构】视图和钉板图环境下的状态如图 7-61
所示。

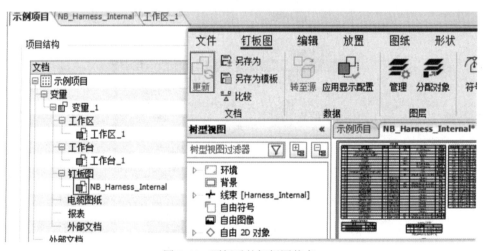

图 7-61　更新后的钉板图状态

7.8 钉板图导出

EPLAN Harness proD Studio 支持将钉板图导出，支持导出的格式如图 7-62 所示。

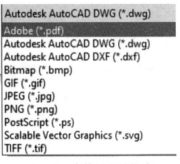

图 7-62 支持导出的格式

单击【钉板图】选项卡中的【图纸】按钮，然后指定导出文件的存储路径、文件名称、文件格式，单击【Save】按钮完成，如图 7-63 所示。

图 7-63 钉板图导出 *.pdf 格式

导出完成后，就可以直接打开导出的文件，如图 7-64 所示。

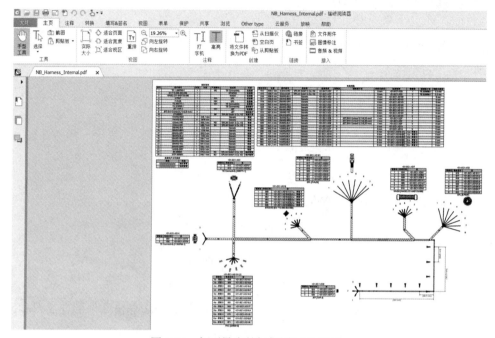

图 7-64 打开导出的钉板图 PDF 图纸

7.9 钉板图模板保存

钉板图模板可以存储以下数据：

- 图纸标题；
- 图框（将使用图框的图纸边框）；
- 表格，如导线列表、物料清单等；
- 用户定义的属性；
- 图层配置；
- 导入的图像和 .dwg/.dxf 文件；
- 绘制的对象，如矩形、圆形、弧形等。
- 显示配置；
- 翻译编辑器设置。

7.9.1 设置保存对象

1）在 EPLAN Harness proD Studio 后台视图中，单击【设置】中的【应用】，如图 7-65 所示。

2）在【设置】窗口中选中【钉板图】节点下的【模板】子节点，在右侧选中需要保存的对象，如图纸边框、2D 对象、表格等，如图 7-66 所示，然后单击【确定】按钮退出【设置】窗口。

图 7-65 进入应用设置

图 7-66 选中和模板一起保存的对象

7.9.2　另存为模板

单击【钉板图】选项卡中的【另存为模板】按钮，然后指定模板存储的路径、模板名称，最后单击【Save】按钮，如图 7-67 所示。

图 7-67　另存为模板

第 8 章
电缆图纸设计

EPLAN Harness proD Studio 中的电缆图纸用于准备最终的电缆装配体的制造。

本章练习的目的：

- 掌握电缆图纸的创建与调整
- 掌握电缆图纸显示配置集编辑器的使用
- 掌握电缆图纸的更新和导出
- 掌握电缆图纸的模板保存

8.1　术语解释

8.1.1　电缆图纸

与钉板图相比，EPLAN Harness proD Studio 中的电缆图纸环境更像是示意图。电缆图纸是一种生产图纸，详细描述了电缆装配体的制造。虽然其只是示意图，但长度尺寸是真实值。用户可以在电缆图纸显示配置集编辑器中定义不同类型的自动尺寸。在创建电缆图纸期间将自动创建自动尺寸。

电缆图纸始终具有电缆、束和表面保护材料的笔直布局。另外，线束以可辨别的方式显示，即用户可以查看它们如何在某个角度方向首先离开电缆、束和表面保护材料，然后切换到笔直方向。电缆图纸中仅显示电缆组件（绝缘层、屏蔽等)、束和表面保护材料的开始点和结束点的控制点。只需用鼠标拖动控制点(电缆扎带、夹子、标签和特殊组件起到控制点的作用)或者使用【移动】命令便可以移动、缩短或延长整个分线。即使通过移动控制点来更改路径的长度和形状,尺寸也会显示真实值。

8.1.2 电缆图纸环境

电缆图纸环境由导航面板、工作窗口、属性栏、功能区以及快速访问工具栏组成,如图 8-1 所示。

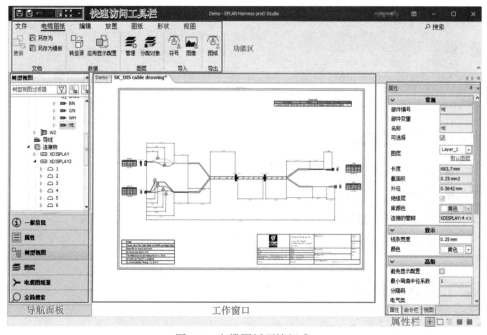

图 8-1　电缆图纸环境组成

- **导航面板**：显示在左侧边栏(默认)并且包含以下选项卡,一般信息、属性、树型视图、图层、电缆图纸源、全局搜索。
- **工作窗口**：电缆单位布局的位置,位于 EPLAN Harness proD Studio 屏幕中心(默认),可以在工作窗口中对电缆图纸的显示、位置进行调整。
- **属性栏**：显示在右侧边栏中(默认)并且显示当前所选对象的属性。可以编辑这些属性以更好地适合用户的需求。
- **功能区**：EPLAN Harness proD Studio 电缆图纸操作命令的集合。

● **快速访问工具栏**：由常用命令构成，如保存、撤销、关闭等，以便快速
访问。

8.2　电缆图纸创建

创建电缆图纸前，应先保存工作区。

1）单击【工作区】选项卡中的【电缆图纸】按钮，在弹出的【电缆图纸名称】中将其命名为 CU_Motor，并选中【创建后打开电缆图纸】复选框，然后单击【下一步】按钮，如图 8-2 所示。

图 8-2　创建电缆图纸并命名

 提示：

如果未选中【创建后打开电缆图纸】复选框，则创建完成后需要在【项目结构】界面中手动打开电缆图纸。

2）在【电缆图纸模板】中选中【默认设置】单选按钮，并单击【下一步】按钮，如图 8-3 所示。

图 8-3　使用默认设置

3）在【电缆单位】中选中 CableUnit_Motor 前的【使用】复选框，然后单击【下一步】按钮，如图 8-4 所示。

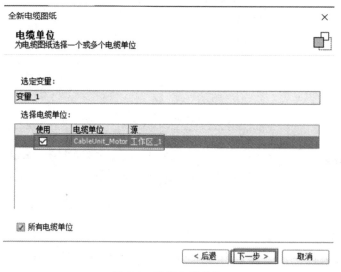

图 8-4　选择电缆单位

4）在【显示配置】中选择默认配置，然后单击【完成】按钮，如图 8-5 所示。

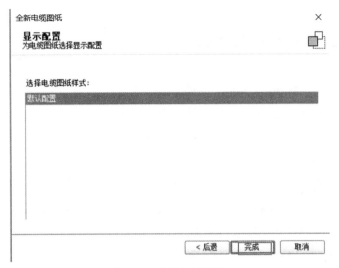

图 8-5　选择显示配置

 提示：

该显示配置为电缆图纸显示配置集编辑器中的配置。

5）软件自动打开电缆图纸环境，如图 8-6 所示。

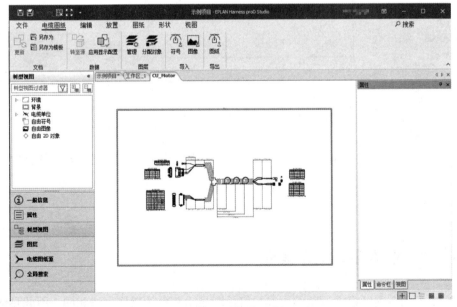

图 8-6　电缆图纸环境

8.3　电缆图纸布局调整

EPLAN Harness proD Studio 提供了数十种调整电缆图纸二维布局的工具和命令，使电缆图纸的设计能满足各种用户不同的设计需求。本节仅演示其中部分常用的工具和命令，更多命令和使用请查阅 www.eplan.help 中 EPLAN Harness proD Studio 在线帮助文件。

由于电缆图纸的布局调整使用的操作命令以及操作步骤与钉板图的布局调整所有命令和操作步骤相同，因此具体操作请参考 7.3 节 "钉板图布局调整"，本节不再对具体的操作步骤进行阐述。

电缆图纸 CU_Motor 纸张尺寸设置为 A4，打印缩放比例为 4，如图 8-7 所示。

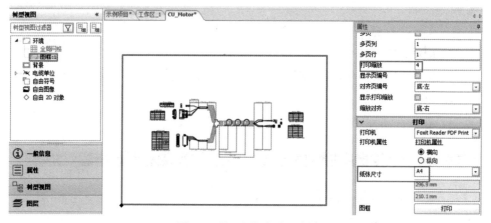

图 8-7　设置图框打印比例

 提示：

因为电缆图纸是示意图，所以无论是多长的电缆，都可以先根据打印机情况设置纸张尺寸，然后调整合适的缩放比例。

8.4　电缆图纸显示配置

由于电缆图纸显示调整的操作与钉板图显示调整的操作方法相同，因此具体操作请参考 7.4 节 "钉板图显示配置"，本节不再对具体的操作步骤进行阐述。

8.4.1 新建显示配置

1）在 EPLAN Harness proD Studio 后台视图中，单击【设置】中的【电缆图纸】，进入【电缆图纸显示配置集编辑器】窗口，如图 8-8 所示。

图 8-8 电缆图纸显示配置集编辑器

2）在【电缆图纸显示配置集编辑器】窗口中单击【新显示配置】⊕ 按钮，在弹出的【电缆图纸显示配置】对话框中给该显示配置输入名称为示例项目，如图 8-9 所示。

图 8-9 新显示配置

8.4.2　连接物表格

电缆图纸的连接物表格设置及列内容顺序如图 8-10 所示。

图 8-10　连接物表格设置及列内容顺序

8.4.3　导线列表表格

电缆图纸的导线列表设置及列内容顺序如图 8-11 所示。

图 8-11　导线列表设置及列内容顺序

8.4.4 物料清单

电缆图纸的物料清单设置及列内容顺序如图 8-12 所示。

图 8-12 物料清单设置及列内容顺序

8.4.5 电缆子部件

选择【电缆子部件】节点下的【绝缘层】子节点，选中【影线覆盖】复选框，然后在【影线】下拉框中选择【Cable】，如图 8-13 所示。

图 8-13 设置电缆绝缘层影线

8.4.6　控制点

选择【控制点】节点，在【大小】文本框中输入 2mm，如图 8-14 所示。

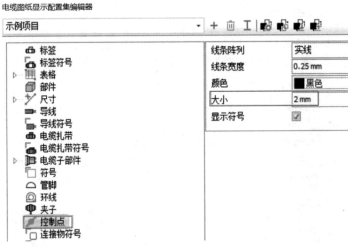

图 8-14　设置控制点

8.4.7　连接物符号

选择【连接物符号】节点，取消选中【放置】复选框，如图 8-15 所示。

图 8-15　设置连接物符号

8.4.8　自动尺寸

选择【尺寸】节点下的【自动尺寸】子节点，选中图 8-16 所示各复选框，然后单击【确定】按钮，退出【电缆图纸显示配置集编辑器】窗口。

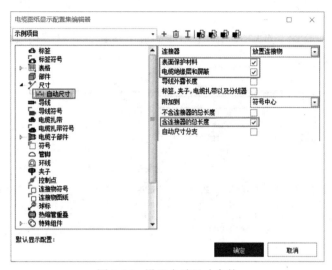

图 8-16　设置自动尺寸参数

8.4.9　应用显示配置

单击【电缆图纸】选项卡中的【应用显示配置】按钮，选择【示例项目】并单击【确定】按钮，如图 8-17 所示。

图 8-17　应用显示配置

8.5 表格放置及球标放置

8.5.1 放置表格

1）单击【放置】选项卡中的【导线列表】按钮，并将表格放置在电缆图纸中，如图 8-18 所示。

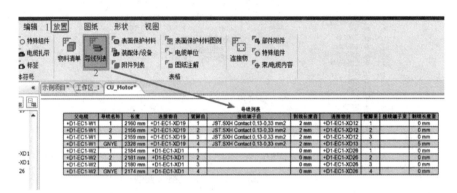

图 8-18 放置导线列表

2）单击【放置】选项卡中的【物料清单】按钮，并将表格放置在电缆图纸中，如图 8-19 所示。

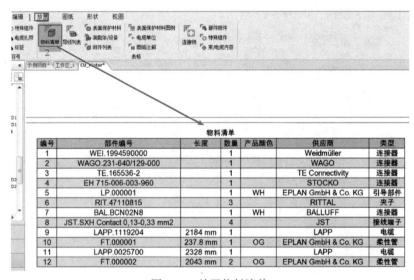

图 8-19 放置物料清单

3）单击【放置】选项卡中的【表面保护材料图例】按钮，并将表格放置在电缆图纸中，如图 8-20 所示。

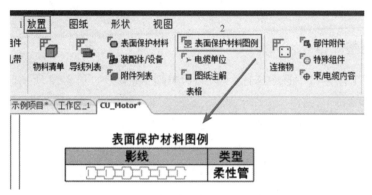

图 8-20　放置表面保护材料图例

8.5.2　放置球标

单击【图纸】选项卡中的【球标】按钮，电缆图纸中的球标编号与物料清单中的编号一一对应，如图 8-21 所示。

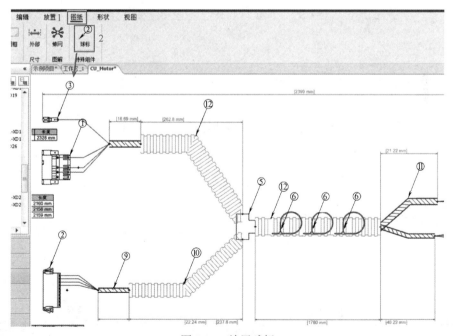

图 8-21　放置球标

8.6 电缆图纸完善

8.6.1 调整球标

1）在工作窗口中选中球标，然后移动球标箭头，如图 8-22 所示。

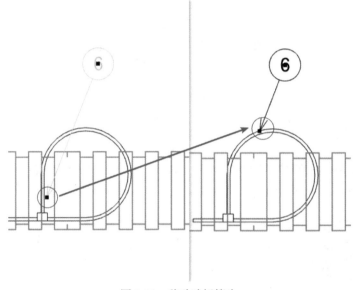

图 8-22 移动球标箭头

2）在工作窗口中选中球标，然后移动球标编号，如图 8-23 所示。

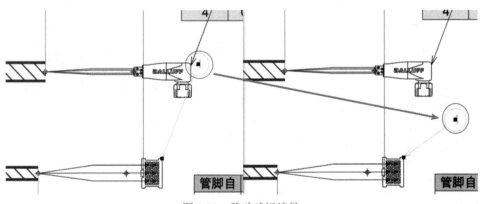

图 8-23 移动球标编号

提示：

合理移动球标，使其避免与其他电缆图纸对象干涉，以提高电缆图纸的可读性。

8.6.2 长度计算设置

单击【设置】中的【应用】，进入【应用设置编辑器】窗口，选择【常规】节点下的【长度计算】子节点，并在右侧下拉菜单中选择【下一个1】选项，如图8-24所示，单击【确定】按钮退出【应用设置编辑器】窗口。

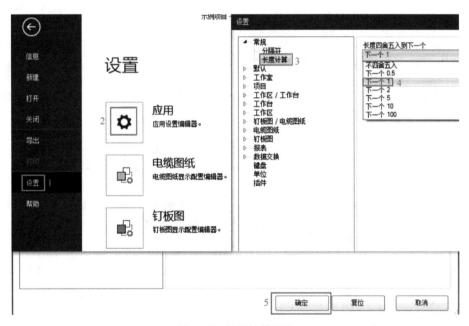

图8-24 长度计算设置

重新执行【应用显示配置】命令，电缆图纸中的自动尺寸最小长度为1mm，如图8-25所示。

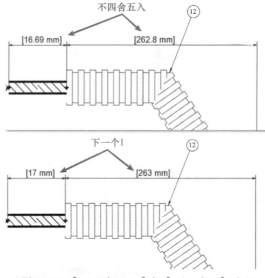

图 8-25　【不四舍五入】与【下一个 1】对比

8.6.3　完成电缆图纸设计

综合应用前面章节描述的功能，完成电缆单位 CableUnit_Motor 的电缆图纸设计，如图 8-26 所示。

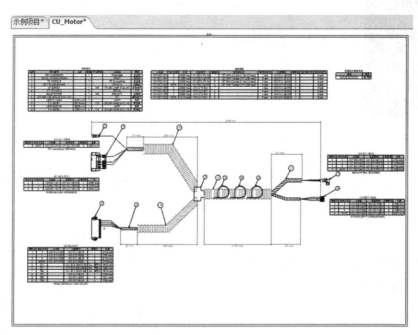

图 8-26　电缆单位 CableUnit_Motor 的电缆图纸设计

8.7　电缆图纸更新

在 EPLAN Harness proD Studio 工作区进行任意操作，保存工作区，在【项目结构】中电缆图纸将实时显示为待更新状态，如图 8-27 所示。

图 8-27　待更新的电缆图纸

可以在【项目结构】视图下直接更新。选中待更新的电缆图纸，右击，在弹出的快捷菜单中选择【更新】命令即可，如图 8-28 所示。

如果正在编辑电缆图纸，也可以在电缆图纸环境中进行更新操作，只需单击【电缆图纸】选项卡中的【更新】按钮即可，如图 8-29 所示。

图 8-28　更新电缆图纸

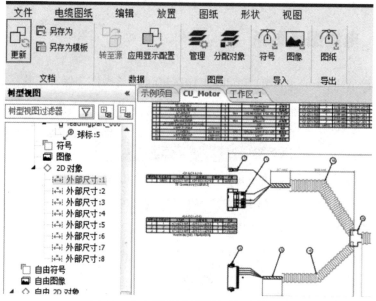

图 8-29　在电缆图纸环境下更新电缆图纸

 提示：

　　如果【更新】按钮不可用，表示该电缆图纸不需要更新。

　　更新完成后的电缆图纸，在【项目结构】视图和【电缆图纸】环境下的状态如图 8-30 所示。

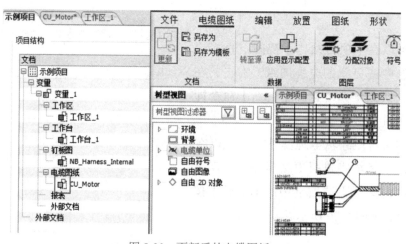

图 8-30　更新后的电缆图纸

8.8 电缆图纸导出

EPLAN Harness proD Studio 支持将电缆图纸导出，支持导出的格式如图8-31
所示。

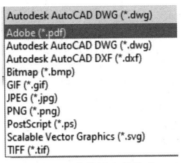

图 8-31 支持导出的格式

单击【电缆图纸】选项卡中的【图纸】按钮，然后指定导出文件的存储路
径、文件名称、文件格式，单击【Save】按钮完成，如图8-32所示。

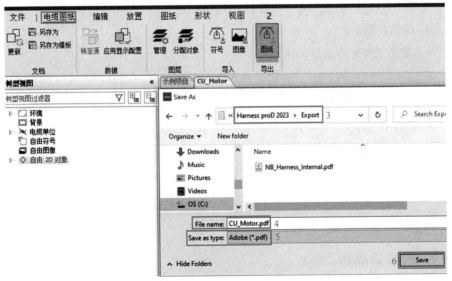

图 8-32 电缆图纸导出 *.pdf 格式

导出完成后，就可以直接打开导出的文件，如图 8-33 所示。

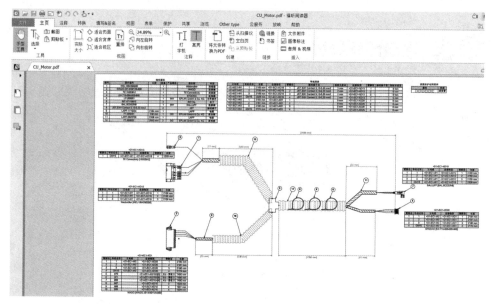

图 8-33　打开导出的电缆图纸 PDF 图纸

8.9　电缆图纸模板保存

电缆图纸模板可以存储以下数据：

- 图纸标题；
- 图框（将使用图框的图纸边框）；
- 表格，如导线列表、物料清单等；
- 用户定义的属性；
- 图层配置；
- 导入的图像和 .dwg/.dxf 文件；
- 绘制的对象，如矩形、圆形、弧形等；
- 显示配置；
- 翻译编辑器设置。

8.9.1　设置保存对象

1）在 EPLAN Harness proD Studio 后台视图中，单击【设置】中的【应用】，如图 8-34 所示。

图 8-34　进入应用设置

2）在【设置】中选择【电缆图纸】节点下的【模板】子节点，在右侧选中需要保存的对象，如图纸边框、2D 对象、表格等，如图 8-35 所示，然后单击【确定】按钮，退出设置界面。

图 8-35　选中和模板一起保存的对象

8.9.2　另存为模板

单击【电缆图纸】选项卡中的【另存为模板】按钮，然后指定模板存储路径、文件名称，最后单击【Save】按钮，如图 8-36 所示。

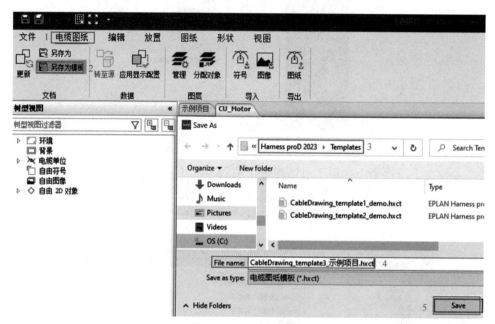

图 8-36　另存为模板

第 9 章
报表设计

EPLAN Harness proD Studio 中的报表主要用于制作部件及其互连部件的摘要和列表，还用于跟踪成本和采购（如果是物料清单）。

本章练习的目的：

■ 了解 EPLAN Harness proD Studio 报表类别
■ 掌握报表的创建与调整
■ 掌握报表的设置与导出
■ 掌握报表模板的保存

9.1　术语解释

9.1.1　报表环境

报表环境是一种工具，可通过所选工作区／工作台生成必要的制造报表，如导线列表、电缆报表、物料清单等。此外，状态显示也始终向用户表明报表是最新的还是过期的。

报表环境由导航面板、工作窗口、功能区以及快速访问工具栏组成，如图 9-1 所示。

图 9-1　报表环境

- **导航面板**：显示在左侧边栏（默认）并且包含以下选项卡，一般信息、属性、报表源、文字搜索；
- **工作窗口**：电缆单位布局的位置，位于 EPLAN Harness proD Studio 屏幕中心（默认），可以在工作窗口中对报表的显示内容、顺序进行调整；
- **功能区**：EPLAN Harness proD Studio 报表操作命令的集合；
- **快速访问工具栏**：由常用命令构成，如保存、撤销、关闭等，以便快速访问。

9.1.2　报表类型

EPLAN Harness proD Studio 提供了 11 种报表类型。

- **表面保护材料报表**：统计所选工作区 / 工作台环境中所选线束 / 电缆单位中所使用的全部表面保护材料信息，如保护材料类型、数量和长度等。

- **导线列表**：统计所选工作区 / 工作台环境中所选线束 / 电缆单位中所使用的全部导线信息，如导线的连接信息、部件信息和长度等。

- **电缆报表**：统计所选工作区 / 工作台环境中所选线束 / 电缆单位中所使用的全部电缆信息，如电缆部件信息、各芯线连接信息和长度等。

- **电缆单位报表**：统计所选工作区 / 工作台环境中所使用的全部电缆单位信息，如名称、部件编号、描述和数量等。

- **附件报表**：统计所选工作区 / 工作台环境中所选线束 / 电缆单位中所使用的全部连接物的附件信息，如附件的部件编号、供应商和数量等。

- **连接物报告**：统计所选工作区 / 工作台环境中所选线束 / 电缆单位中所使用的全部连接物信息，如部件信息、各管脚连接信息和数量等。

- **特殊组件报表**：统计所选工作区 / 工作台环境中所选线束 / 电缆单位中所使用的全部特殊组件信息，如部件信息、各管脚连接信息和数量等。

- **物料清单（单行）**：统计所选工作区 / 工作台环境中所选线束 / 电缆单位中所使用的全部物料信息，如连接物信息、导线信息、电缆信息和接线端子信息等。这些信息包括部件名称、编号、数量、长度和供应商信息等，但相同的部件不进行汇总统计。

- **物料清单（汇总）**：统计所选工作区 / 工作台环境中所选线束 / 电缆单位中所使用的全部物料信息，如连接物信息、导线信息、电缆信息和接线端子信息等。这些信息包括部件名称、编号、数量、长度和供应商信息等，相同部件进行汇总统计。

- **线束报表**：统计所选工作区 / 工作台环境中所使用的全部线束信息，如名称、部件编号、描述和数量等。

- **装配体 / 设备报表**：统计所选工作区 / 工作台环境中所选线束 / 电缆单位中所使用的全部装配体 / 设备信息，如装配体 / 设备的部件名称、数量和供应商信息等。

 提示：

　　由于不同类型报表的创建、显示配置和导出的操作步骤完全相同，因此本节仅讲解如何进行物料清单（汇总）的创建、显示配置与导出。

9.2　报表创建

创建报表前，应先保存工作区。

1）单击【工作区】选项卡中的【报表】按钮，在弹出的【报表名称】对话框中将名称命名为示例项目物料清单（汇总），并选中【创建后打开报表】复选框，然后单击【下一步】按钮，如图 9-2 所示。

图 9-2　创建报表并命名

 提示：

　　如果未选中【创建后打开报表】复选框，则创建完成后需要在【项目结构】中手动打开报表。

2）在【报表模板】中选中【默认设置】单选按钮，并单击【下一步】按钮，如图 9-3 所示。

图 9-3　使用默认设置

3）在【报表类型】中选择【物料清单（汇总）】，并单击【下一步】按钮，如图 9-4 所示。

图 9-4　选择报表类型

4）在【线束/电缆单位】中选中【选择全部】复选框，然后单击【完成】按钮，如图 9-5 所示。

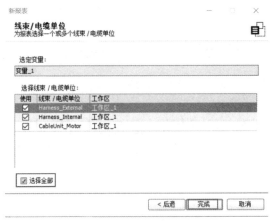

图 9-5 选中【选择全部】复选框

 提示:

当项目存在多个工作区 / 工作台以及多个变量时，需要在该界面下选定工作区 / 工作台和变量。

5) 软件自动打开报表环境，如图 9-6 所示。

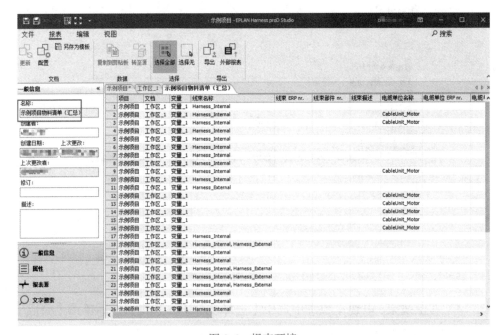

图 9-6 报表环境

9.3　报表显示配置

1）单击【报表】选项卡中的【配置】按钮，进入【报表设置】界面，如图9-7所示。

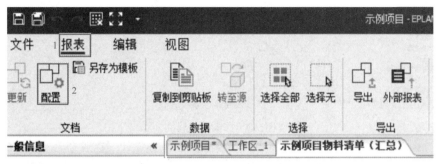

图 9-7　【配置】按钮

2）在【报表设置】中右侧的【活动列】中，选中全部对象，然后单击【移除对象】按钮，移除所选对象到【未使用的列】中，如图9-8所示。

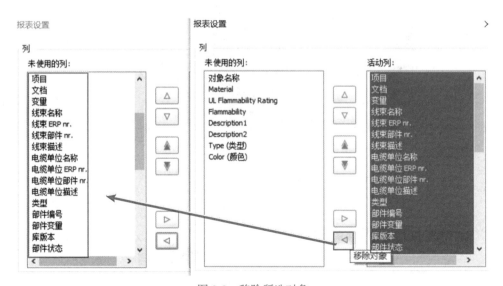

图 9-8　移除所选对象

3）在【未使用的列】中选择需要显示的部件属性，如部件编号，然后单击【添加对象】按钮，将其添加到【活动列】中，如图9-9所示。

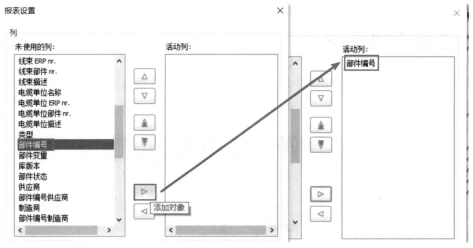

图 9-9　添加部件属性

4）重复添加部件属性到【活动列】中，并进行排序，如图 9-10 所示。

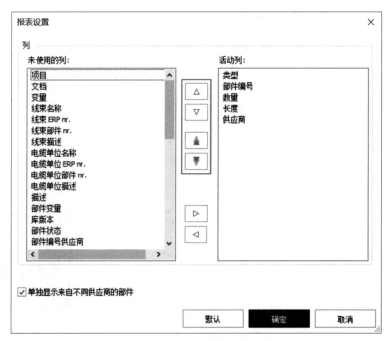

图 9-10　添加更多部件属性并排序

5）单击【确定】按钮，显示配置完成的物料清单（汇总），如图 9-11 所示。

示例项目* 工作区_1 示例项目物料清单（汇总）*

	类型	部件编号	数量	长度	供应商
1	引导部件	LP.000001	1		EPLAN GmbH & Co. KG
2	柔性管	FT.000002	2	2043 mm	EPLAN GmbH & Co. KG
3	柔性管	FT.000001	1	238 mm	EPLAN GmbH & Co. KG
4	连接器	TE.1-350766-2	1		TE Connectivity
5	连接器	BAL.BCN02N8	1		BALLUFF
6	连接器	WEI.1994590000	1		Weidmüller
7	连接器	EH 715-008-003-960	1		STOCKO
8	连接器	TE.165536-2	1		TE Connectivity
9	连接器	TE.350777-1	1		TE Connectivity
10	连接器	F-RJ35	1		EPL
11	连接器	6 PIMF	1		EPL
12	连接器	JST.XHP-3	1		JST
13	连接器	WAGO.231-640/129-000	2		WAGO
14	连接器	EH 715-006-003-960	2		STOCKO
15	绝缘套管	Loom.000003	2	1433 mm	EPLAN GmbH & Co. KG
16	接线端子	JST.SXH Contact 0,13-0,33 mm2	7		JST
17	接线端子	TE.926896-1	2		TE Connectivity
18	夹子	RIT.47110815	3		RITTAL
19	电缆扎带	CT.000001	9		EPLAN GmbH & Co. KG
20	电缆	LAPP.0025700	1	2328 mm	LAPP
21	电缆	LAPP.1119204	1	2184 mm	LAPP
22	导线	14AWG-GRY	2	1494 mm	Generic
23	导线	14AWG-GRN	1	1496 mm	Generic
24	导线	14AWG-BRN	1	1490 mm	Generic

图 9-11　显示配置下的物料清单（汇总）

6）在报表工作窗口中单击【类型】按钮，物料清单（汇总）将按照部件的类型属性值进行升序或降序排序，如图 9-12 所示。

示例项目* 工作区_1 示例项目物料清单（汇总）*

	类型	部件编号	数量	长度	供应商
1	保护胶带	WTP.000001	8	1057 mm	EPLAN GmbH & Co. KG
2	编织套管	BS.000001	4	680 mm	EPLAN GmbH & Co. KG
3	导线	14AWG-GRY	2	1494 mm	Generic
4	导线	14AWG-GRN	1	1496 mm	Generic
5	导线	14AWG-BRN	1	1490 mm	Generic
6	导线	14AWG-BLU	1	651 mm	Generic
7	导线	20AWG-GRN	1	594 mm	Generic
8	导线	0.5mm2-BK	1	901 mm	EPLAN GmbH & Co. KG
9	导线	20AWG-RED	1	595 mm	Generic
10	导线	20AWG-BLU	2	1233 mm	Generic
11	导线	20AWG-GRY	2	1623 mm	Generic
12	导线	20AWG-BRN	3	2258 mm	Generic
13	导线	20AWG-BLK	3	2252 mm	Generic
14	导线	0.5mm2-RD	1	900 mm	EPLAN GmbH & Co. KG
15	导线	14AWG-BLK	8	5128 mm	Generic
16	导线	14AWG-RED	1	429 mm	Generic
17	导线	20AWG-ORG	1	595 mm	Generic
18	导线	20AWG-YEL	1	592 mm	Generic
19	电缆	LAPP.1119204	1	2184 mm	LAPP
20	电缆	LAPP.0025700	1	2328 mm	LAPP
21	电缆扎带	CT.000001	9		EPLAN GmbH & Co. KG
22	夹子	RIT.47110815	3		RITTAL
23	接线端子	TE.926896-1	2		TE Connectivity
24	接线端子	JST.SXH Contact 0,13-0,33 mm2	7		JST

图 9-12　按类型属性值排序

9.4　报表更新

　　在 EPLAN Harness proD Studio 工作区中进行任意操作，然后保存工作区，在【项目结构】中，报表将实时显示为待更新状态，如图 9-13 所示。

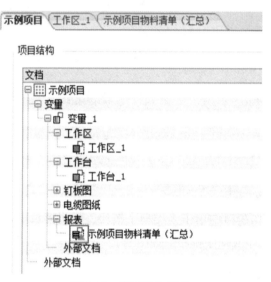

图 9-13　待更新的报表

　　可以在【项目结构】视图下直接更新。选中待更新的报表，右击，在弹出的快捷菜单中选择【更新】命令即可，如图 9-14 所示。

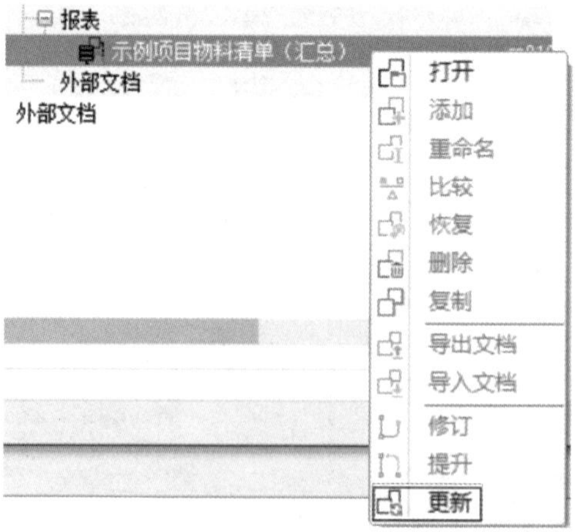

图 9-14　更新电缆图纸

如果正在编辑报表，也可以在报表环境中进行更新操作，单击【报表】选项卡中的【更新】按钮即可，如图 9-15 所示。

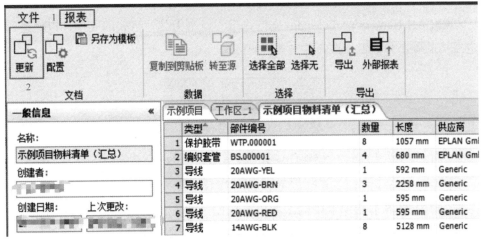

图 9-15 在报表环境下更新报表

 提示：

如果【更新】按钮不可用，则表示该报表不需要更新。

更新完成后的报表，在【项目结构】视图和报表环境下的状态如图 9-16 所示。

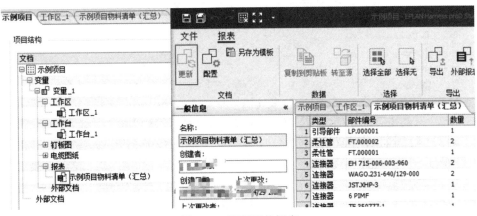

图 9-16 更新后的报表

9.5 报表导出

EPLAN Harness proD Studio 支持将报表导出为其他格式的文件，以便进行进一步的操作和编辑。报表导出支持的格式如图 9-17 所示。

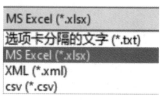

图 9-17 报表导出支持的格式

单击【报表】选项卡中的【导出】按钮，然后指定导出文件的存储路径、文件名称、文件格式，单击【Save】按钮完成，如图 9-18 所示。

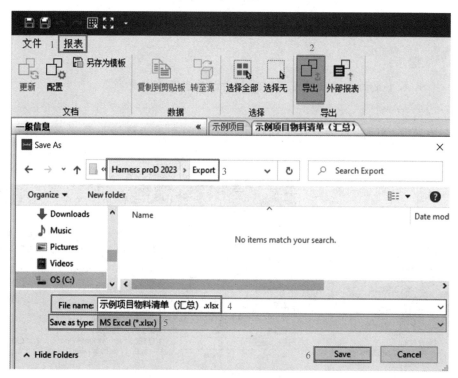

图 9-18 报表导出 *.xlsx 格式

导出完成后，就可以直接打开导出的文件，如图 9-19 所示。

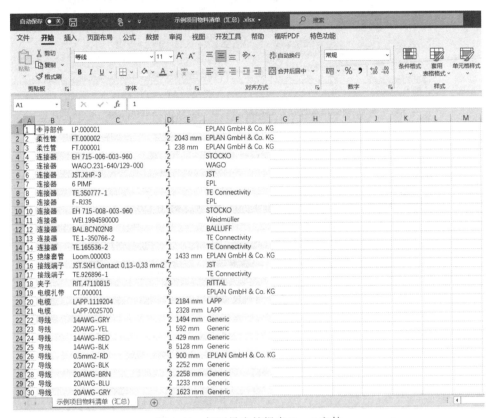

图 9-19　打开导出的报表 Excel 文件

9.6　报表模板保存

报表模板（＊.hxrt 文件）使用户可以轻松创建包含预定义列和初始设置的报表。

报表模板可以存储以下数据：

- 显示配置；
- 翻译编辑器设置。

单击【报表】选项卡中的【另存为模板】按钮，然后指定模板存储路径、文件名称，最后单击【Save】按钮，如图 9-20 所示。

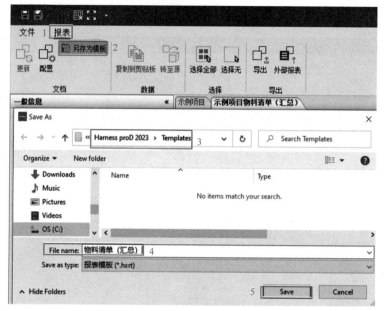

图 9-20　另存为模板

第 10 章
应用设置

用户可以自定义 EPLAN Harness proD Studio/Library 应用程序，通过各种设置来满足用户的单独需求。

本章练习的目的：

■ 了解 EPLAN Harness proD Studio/Library 的设置

■ 了解 EPLAN Harness proD Studio/Library 中各设置的用途

■ 了解如何对 EPLAN Harness proD Studio/Library 进行设置

10.1 EPLAN Harness proD Studio 设置

在 EPLAN Harness proD Studio 用户界面中选择【文件】选项卡，进入后台视图，然后单击【设置】中的【应用】，进入应用设置编辑器界面，如图 10-1 所示。

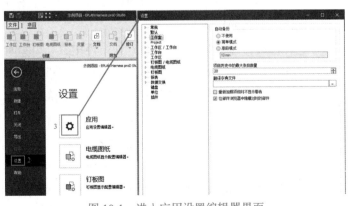

图 10-1　进入应用设置编辑器界面

10.1.1　常规

在应用设置编辑器界面中选择【常规】节点，如图 10-2 所示。

图 10-2　常规设置

常规设置包含所有环境通用的设置，是针对所有工作区、工作台、钉板图和电缆图等的全局设置。

- **语言**：设置软件界面语言，如简体中文、English 等，选择的语言会在下次启动 EPLAN Harness proD Studio 程序时使用。如果许可证不支持所选语言，则将替换使用安装期间选择的默认语言。
- **特征**：当此字段激活时，可在文本字段中输入特征。此内容可用于项目属性的【创建者】和【上次更改者】字段中。默认情况下如【覆盖特征】复选框未选中，应使用 Windows 登录账号名。
- **处理程序大小**：移动、旋转和缩放命令的处理程序的大小，如移动箭头的大小。

- **UI 配色方案**：修改软件界面的底色，确定要用于显示应用程序窗口的颜色（窗口标题、菜单颜色、不活动的文字等），浅色和深色模式可用。
- **撤销步骤数量**：撤销命令的可用步骤数量。
- **关键点半径**：关键点在工作窗口中的显示大小。
- **关键点显示时间**：关键点在通过鼠标指针悬停进行高亮显示的可见性持续时间。
- **3D 模型宽度基准点名称**：当从 EPLAN 平台导入或重新导入某个部件时，要分配给宽度基准点的名称。如果某个部件的宽度被设置为小于该部件的 3D 模型的物理宽度，则在导入期间将创建宽度基准点。此属性可在 EPLAN 平台中的部件的【安装数据】选项卡中找到。
- **启动时检查新版本**：如果选中此复选框，会显示是否有新版本的 EPLAN Harness proD Studio 可用的通知。
- **不展开树型视图（报表选择更改）**：选中此复选框时，在工作窗口中选择对应的对象后，导航面板树型视图中的节点不会展开。
- **禁止树型视图高亮显示**：如果选中此复选框，则当鼠标指针在导航面板树型视图中对应的对象上悬停时，将在工作窗口中关闭对象高亮显示。
- **反转鼠标缩放**：切换鼠标中键滚轮旋转时视图缩放的方向。
- **启用 PDM 集成**：如果选中此复选框，则支持外部 PDM 系统的集成。

1. 分隔符

选择【常规】节点下的【分隔符】子节点，如图 10-3 所示。

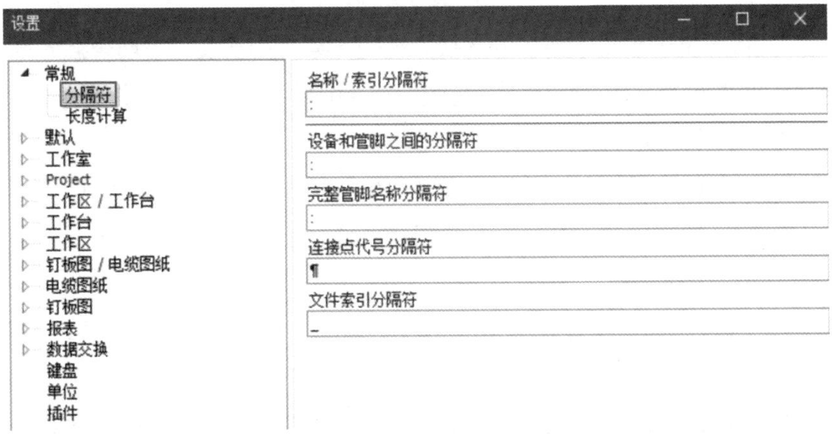

图 10-3　设置分隔符

- **名称 / 索引分隔符**：确定用于在导航面板树型视图中分隔名称和索引的分隔符字符。
- **设备和管脚之间的分隔符**：确定设备（连接物、接线端子等）与管脚名称之间的分隔符。
- **完整管脚名称分隔符**：确定完整管脚名称中的分隔符。该分隔符用于插头代号、管脚代号和端子代号属性。
- **连接点代号分隔符**：确定连接点代号之间的分隔符。
- **文件索引分隔符**：确定创建文件时，文件名称与索引编号的分隔符，如工作区 _1。

2. 长度计算

选择【常规】节点下的【长度计算】子节点，如图 10-4 所示。

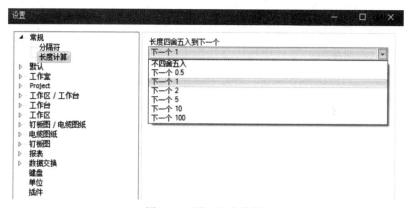

图 10-4　设置长度计算

此设置可对整个项目中显示的导线、电缆、束等的长度进行四舍五入设置。

- **不四舍五入**：在钉板图 / 电缆图 / 报表中显示工作区 / 工作台中导线、电缆、束等的实际长度值。
- **下一个 0.5**：如果实际长度值在 10.1~10.5mm，则在钉板图 / 电缆图 / 报表中将显示为 10.5mm；如果实际长度值在 10.6~11mm，将显示为 11mm，依此类推。
- **下一个 1**：如果实际长度值在 10.1~11mm，则在钉板图 / 电缆图 / 报表中显示为 11mm，依此类推。
- **下一个 2**：如果实际长度值在 10.1~12mm，则在钉板图 / 电缆图 / 报表中显示为 12mm，依此类推。

- **下一个 5**：如果实际长度值在 10.1 ~15mm，则在钉板图 / 电缆图 / 报表中显示为 15mm，依此类推。
- **下一个 10**：如果实际长度值在 10.1 ~20mm，则在钉板图 / 电缆图 / 报表中显示为 20mm，依此类推。
- **下一个 100**：如果实际长度值在 100.1 ~200mm，则在钉板图 / 电缆图 / 报表中显示为 200mm，依此类推。

 提示：

当 EPLAN Harness proD Studio 打开项目后，该设置可用。

10.1.2 默认

1. 路径

在应用设置编辑器界面中选择【默认】节点下的【路径】子节点，如图 10-5 所示。

图 10-5　EPLAN 平台路径设置

如果使用了 EPLAN 平台其他软件，如 EPLAN Electric P8，那么在该子节点下可以直接加载 EPLAN 平台的数据路径和文档路径，单击【从 EPLAN 平台加载路径】按钮即可，如图 10-6 所示。

图 10-6　加载 EPLAN 平台路径

2. 其他子节点

在 EPLAN Harness proD Studio 中创建的特殊组件或从 EPLAN 平台项目交换中导入的特殊组件的默认尺寸为 10mm。此默认尺寸可在此设置下的其他子节点进行自定义。

选择【默认】节点下的其他子节点，如【电容器】，如图 10-7 所示，对【大小】属性进行自定义。

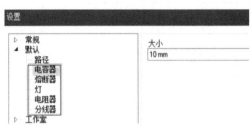

图 10-7　其他子节点自定义大小

10.1.3　工作室

在应用设置编辑器界面中选择【工作室】节点，如图 10-8 所示。

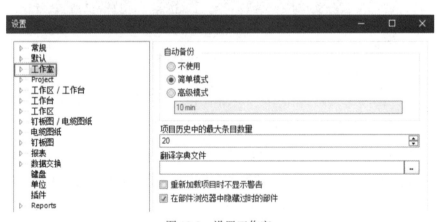

图 10-8　设置工作室

- **自动备份**：该设置可以选择下列选项中的一个用于项目文档自动备份：
  - ➢ **不使用**：不创建备份。
  - ➢ **简单模式**：每次打开或保存当前已打开和未保存文档（工作区、工作台、钉板图、电缆图纸、报表和变量）时，都会创建其备份。可以通过备份恢复这些文档（随后可以在【项目结构】选项卡中对此类文档使用【恢复】命令）。

> **高级模式：** 按照用户在以下字段中确定的时间间隔创建当前已打开和未保存文档（工作区、工作台、钉板图、电缆图纸、报表和变量）的备份。可以通过备份恢复这些文档（随后可以在【项目结构】选项卡中对此类文档使用【恢复】命令）。

● **项目历史中的最大条目数量：** 在此处输入在【欢迎】选项卡中显示的最近打开项目的数量。

● **翻译字典文件：** 在此处输入可用于指定不同语言的翻译 *.hxlf 文件的位置。

● **重新加载项目时不显示警告：** 如果有多个用户同时操作同一个项目，并且部分用户更改了项目结构（如创建新工作区），则其他用户必须重新加载项目结构（在他们访问【项目结构】选项卡时）。在此类情况下，将显示一条说明性消息，必须进行确认。选中【重新加载项目时不显示警告】复选框，将使 EPLAN Harness proD Studio 能够自动重新加载项目结构（无提示）。

● **在部件浏览器中隐藏过时的部件：** 如果选中此复选框，则部件浏览器不显示任何过时状态的库项目。

下面仅对【工作室】节点下的【路径】子节点进行介绍。在应用设置编辑器界面中选择【工作室】节点下的【路径】子节点，如图 10-9 所示。

图 10-9　设置工作室路径

在此子节点中可设置 EPLAN Harness proD Studio 项目、显示配置以及模板的默认存储路径。

10.1.4　项目

在应用设置编辑器界面中，选择【Project】（项目）节点下的【Templates】

（项目模板）子节点，如图 10-10 所示。

图 10-10　设置项目模板

　　如果选中【与用户定义的属性一起保存】复选框，则项目模板中包含项目
文档的用户定义的属性。

 提示：

　　当 EPLAN Harness proD Studio 打开项目后，该设置可用。

10.1.5　工作区 / 工作台设置

　　在应用设置编辑器界面中，选择【工作区 / 工作台】节点，如图 10-11 所示。

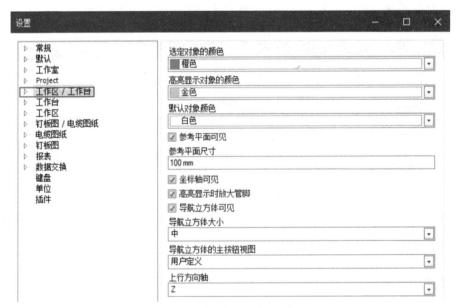

图 10-11　设置工作区 / 工作台

- **选定对象的颜色**：确定选定对象时对象的颜色。
- **高亮显示对象的颜色**：确定对象高亮显示时的颜色（如果将鼠标指针悬停在对象上方）。
- **默认对象颜色**：新创建对象的默认颜色，不含特定颜色设置（如控制点）。
- **参考平面可见**：确定参考平面在工作区 / 工作台工作窗口中是否可见。
- **参考平面尺寸**：确定工作区 / 工作台工作窗口中参考平面的尺寸。
- **坐标轴可见**：切换坐标轴的可见性。
- **高亮显示时放大管脚**：如果选中此复选框，则在鼠标指针悬停到上方时，管脚将被放大。
- **导航立方体可见**：切换导航立方体、主页按钮和旋转控件的可见性。导航立方体在工作台中不可用。
- **导航立方体大小**：确定导航立方体的大小。
- **导航立方体的主按钮视图**：确定导航立方体的主按钮视图，如 ISO 视图、前视图等。
- **上行方向轴**：定义在工作区工作窗口中的上行方向的轴，如 Z 轴向上。

1. 长度计算

选择【工作区 / 工作台】节点下的【长度计算】子节点，如图 10-12 所示。

图 10-12 设置长度计算

- 固定长度：该选项栏包含以下选项：
  - ➤ 对齐到所需长度：如果选中此复选框，选中固定长度，设定固定长度值，则鼠标指针对齐到所需长度，包括绝对 / 相对公差，鼠标指针对齐的距离取决于公差。一旦鼠标指针对齐，便可以朝着所需长度变得更加精确的方向平滑移动；否则，要再次移动，必须以更短距离移动鼠标，并且一旦超过了对齐区域，便可以再次移动鼠标。
  - ➤ 绝对 / 相对：以毫米 / 所需长度的百分比确定默认 +/– 公差。
- 长度注释：该选项栏包含以下选项：
  - ➤ 默认可见性：该下拉栏包含以下选项：
    - ■ 始终：例如，如果移动束的控制点，则束中穿过的导线的长度注释将始终显示，即使导线没有设置固定长度。
    - ■ 仅固定长度：例如，如果移动束的控制点，则仅显示设置了固定长度的线束的长度注释。
    - ■ 从不：即使路径（导线、电缆、束、表面保护材料）设置了固定长度，也不会显示长度注释。
  - ➤ 字体：确定固定长度注释的字体、字体大小和字体格式的设置。

 提示：

请注意该设置与【常规】节点下的【长度计算】子节点的区别。

---

2. EPLAN 导入面板

选择【工作区 / 工作台】节点下的【EPLAN 导入面板】子节点，如图 10-13 所示。

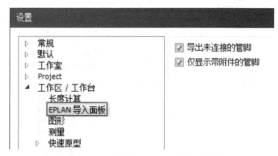

- 导出未连接的管脚：导出未连接的管脚的功能定义。

- 仅显示带附件的管脚：设置在连接物的 EPLAN

图 10-13　设置 EPLAN 导入面板

导入面板中，是显示所有管脚还是仅显示带附件的管脚。

3. 图形

选择【工作区 / 工作台】节点下的【图形】子节点，如图 10-14 所示。

图 10-14　设置图形

- **图形驱动程序**：确定用于显示图形的驱动程序。可用的驱动程序包括 OpenGL2、Direct3D（默认）和 GDI。
- **图形设置**：该选项栏包含以下选项：
  - 预置：该下拉栏包含以下选项：
    - **最佳性能**：注重最佳性能。
    - **均衡**：性能和显示质量之间平衡。
    - **最佳质量**：注重最佳显示质量。
    - **用户定义**：选中时，可以自定义抗锯齿、着色模型、像素剔除阈值、局部软阴影、背面剔除和快速透明度设置。

4. 测量

选择【工作区 / 工作台】节点下的【测量】子节点，如图 10-15 所示。

图 10-15　设置测量

- **字体**：确定用于在工作窗口中显示测量值的字体、字体大小和字体格式。

5. 快速原型

选择【工作区 / 工作台】节点下的【快速原型】子节点，如图 10-16 所示。

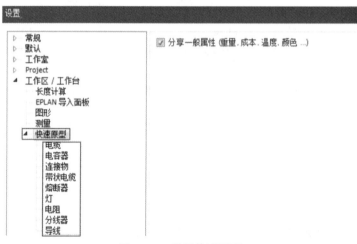

图 10-16　设置快速原型

- **分享一般属性（重量，成本，温度，颜色 ... ）**：所有快速原型部件的共享属性均相同，如果选中该复选框，则这些属性将在同一类型的默认快速原型部件间共享。
- **电缆**：在此子节点，可确定快速原型电缆的默认设置，如外径、电缆颜色、导线数量、导线截面积、导线外径、导线颜色、导线名称前缀和放置前显示复选框。
- **电容器**：在此子节点，可确定快速原型电容器的默认设置，如大小、颜色、管脚数量、管脚名称前缀和放置前显示复选框。

- **连接物**：在此子节点，可确定快速原型连接物和带状连接物的默认设置，如连接物形状、连接物尺寸、连接物颜色、管脚数量、管脚组尺寸、管脚颜色、管脚名称前缀和放置前显示复选框。
- **带状电缆**：在此子节点，可确定快速原型带状电缆的默认设置，如宽度、高度、电缆颜色、导线数量、导线名称前缀和放置前显示复选框。
- **熔断器**：在此子节点，可确定快速原型熔断器的默认设置，如大小、颜色、管脚数量、管脚名称前缀和放置前显示复选框。
- **灯**：在此子节点，可确定快速原型灯的默认设置，如大小、颜色、管脚数量、管脚名称前缀和放置前显示复选框。
- **电阻**：在此子节点，可确定快速原型电阻的默认设置，如大小、颜色、管脚数量、管脚名称前缀和放置前显示复选框。
- **分线器**：在此子节点，可确定快速原型分线器的默认设置，如大小、颜色、管脚数量、管脚名称前缀和放置前显示复选框。
- **导线**：在此子节点，可确定快速原型导线的默认设置，如截面积、外径、颜色和放置前显示复选框。

10.1.6 工作区

在应用设置编辑器界面中选择【工作区】节点，如图10-17所示。

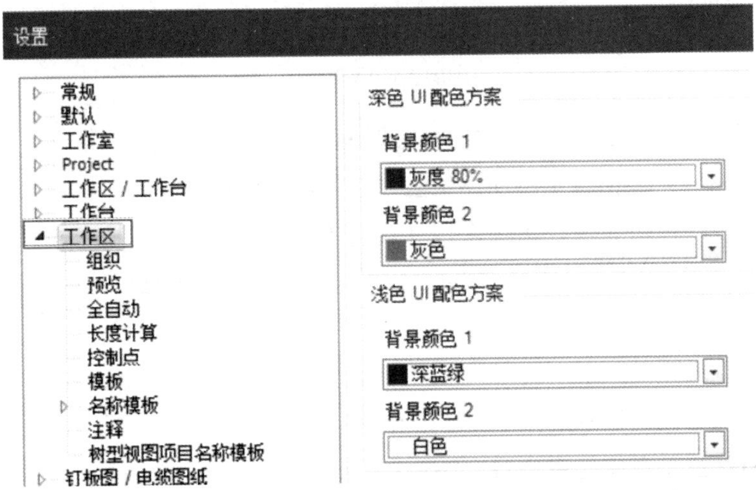

图 10-17 设置工作区

提示：

　　当 EPLAN Harness proD Studio 打开了项目，且正处于工作区环境时，该设置可用。

- **深色 UI 配置方案 / 浅色 UI 配置方案**：背景颜色确定工作区背景的外观。用户可以确定两种不同颜色来创建包含颜色变换的背景；也可以确定两种完全相同的颜色，以使背景为单色。

1. 组织

选择【工作区】节点下的【组织】子节点，如图 10-18 所示。

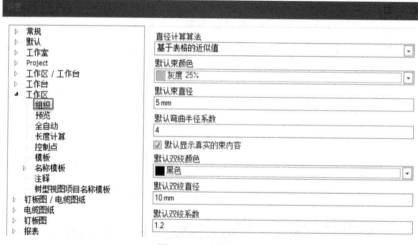

图 10-18　设置组织

- **直径计算算法**：从下拉列表中选择要使用的算法。默认情况下选择基于表格的近似值设置。使用经验系数（束系数）表格快速且精确计算束的外径。或者也可以选择虚拟导线放置（慢）设置，这是一种更精确的方法，基于束中最佳的导线填充，但是比基于表格的近似值要慢得多。
- **默认束颜色**：束的默认颜色。
- **默认束直径**：束中使用的默认直径。
- **默认弯曲半径系数**：分配至束和双绞的默认弯曲半径系数。
- **默认显示真实的束内容**：如果选中此复选框，束的内容将可见。放置新束时，此设置将用作默认设置。

- **默认双绞颜色**：双绞的默认颜色。
- **默认双绞直径**：双绞的默认直径。
- **默认双绞系数**：双绞的默认系数。

2. 预览

选择【工作区】节点下的【预览】子节点，如图 10-19 所示。

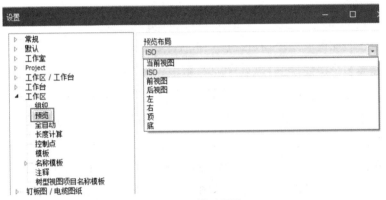

图 10-19 设置预览

- **预览布局**：指定将用作工作区预览的 3D 视图类型，如 ISO、前视图、后视图等。

3. 全自动

选择【工作区】节点下的【全自动】子节点，如图 10-20 所示。

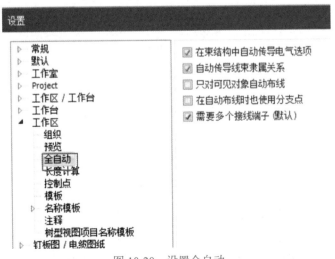

图 10-20 设置全自动

- **在束结构中自动传导电气选项**：在为对象指定电气选项时，此选项将应用于连接到对象的所有元素（如果已选中）。
- **自动传导线束隶属关系**：在为对象指定线束时，此线束将应用于连接到对象的所有元素（如果已选中）。
- **只对可见对象自动布线**：如果选中，则使用自动布线命令仅对可见对象自动布线。
- **在自动布线时也使用分支点**：使用自动布线命令时，对象将在最短距离内进行布线，不仅通过端点，还通过共享点等。
- **需要多个接线端子（默认）**：如果多根导线连接到一个管脚，则此复选框应用于库的管脚以及快速原型连接器和分线器。如果选中该复选框并且设置了【自动放置附加零件】选项或者在导线端手动放置了接线端子，则相同接线端子将添加到与此管脚连接的每个导线端。接线端子随后将在物料清单报表中具有数量"1"。如果停用，则一个接线端子会添加到与管脚连接的每个导线端，并且物料清单中的数量会相应汇总。如果更换了连接器 / 分线器，则会考虑此设置，而不会考虑现有连接器或分线器的状态。

4. 长度计算

选择【工作区】节点下的【长度计算】子节点，如图 10-21 所示。

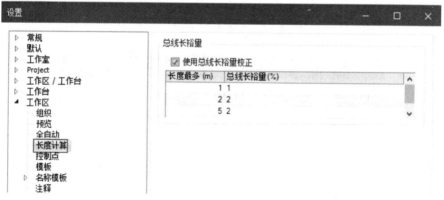

图 10-21　设置长度计算

- **总线长裕量**：如果选中【使用总线长裕量校正】复选框（默认情况下禁用），则将根据表中指定的条件使用总线长裕量。这些条目确定添加到线束、电缆、束和表面保护材料的长度，以便能够补偿这些对象的弯曲。例如，用户可以指定，对于最长 1m 的导线 / 电缆，总长将添加 1%；而当为 5m 长时，总长将添加 2%。

 提示：

原始长度属性是导线、电缆、束和表面保护材料的实际长度，不含任何总线长裕量，并且显示在属性面板中。

长度属性是导线、电缆、束和表面保护材料的原始长度属性与总线长裕量属性之和。此长度也显示在属性面板中。

5. 控制点

选择【工作区】节点下的【控制点】子节点，如图 10-22 所示。

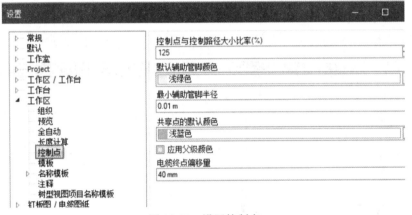

图 10-22　设置控制点

- **控制点与控制路径大小比率（%）**：以百分比格式确定与控制路径（比如束）相比的控制点的大小。
- **默认辅助管脚颜色**：确定辅助管脚的颜色。
- **最小辅助管脚半径**：确定辅助管脚的最小半径尺寸。
- **共享点的默认颜色**：确定共享点的颜色。
- **应用父级颜色**：确定控制点是否将采用为束设置的颜色。
- **电缆终点偏移量**：用于在从 EPLAN 导入面板自动放置电缆情况下，电缆端点与连接物之间的距离。

6. 模板

选择【工作区】节点下的【模板】子节点，如图 10-23 所示。

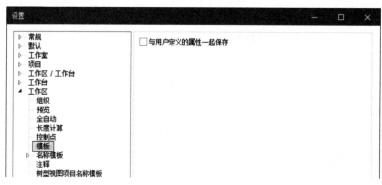

图 10-23　设置模板

- **与用户定义的属性一起保存**：将文档的用户定义属性保存为工作区模板的一部分。

7. 名称模板

选择【工作区】节点下的【名称模板】子节点，如图 10-24 所示。

图 10-24　设置名称模板

- **对象类型列表**：各种对象类型的名称模板，确定这些对象在创建时的名称格式。

第一个编辑框指定对象名称样式；第二个编辑框指定初始值；计数框中记录了工作区中已放置对象的数量及名称样式；【R】按钮可用于重置在第一个和/或第二个框中进行的任何更改。

提示：

　　假定在分线器的第一个编辑框中有【sp_???A??】条目，在第二个编辑框中有【sp_000AA3】条目，则第一个放置的分线器将具有名称sp_000AA3，第二个将为 sp_000AA4，依此类推。

8. 注释

选择【工作区】节点下的【注释】子节点，如图 10-25 所示。

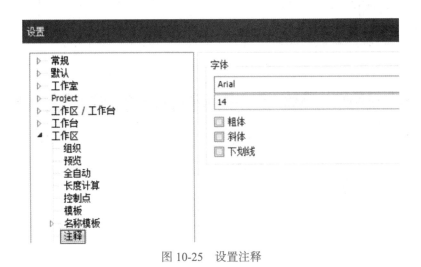

图 10-25　设置注释

- **字体**：确定 3D 工作窗口中注释的字体、字体大小和字体格式。

9. 树型视图项目名称模板

选择【工作区】节点下的【树型视图项目名称模板】子节点，如图 10-26所示。

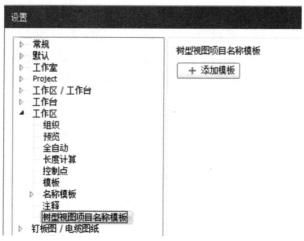

图 10-26　设置树型视图项目名称模板

- **树型视图项目名称模板：** 可使用公式编辑器自定义插入工作区中的部件名称在【树型视图】选项卡中的显示方式。

10.1.7　钉板图 / 电缆图纸

在应用设置编辑器界面中选择【钉板图 / 电缆图纸】节点，如图 10-27所示。

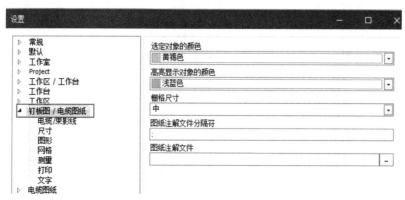

图 10-27　设置钉板图 / 电缆图纸

- **选定对象的颜色：** 确定选定对象的颜色。
- **高亮显示对象的颜色：** 确定对象高亮显示时的颜色，即将鼠标指针悬停在对象上方时显示的颜色。
- **栅格尺寸：** 对象处理程序的示意图（黑色正方形）大小。

- **图纸注解文件分隔符**：图纸注解文件中使用的分隔符。此处输入的分隔符必须与图纸注解 .txt 文件中使用的分隔符匹配。

- **图纸注解文件**：图纸注解 .txt 文件的路径。

1. 电缆 / 束影线

选择【钉板图 / 电缆图纸】节点下的【电缆 / 束影线】子节点，如图 10-28 所示。

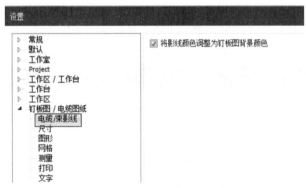

图 10-28　设置电缆 / 束影线

- **将影线颜色调整为钉板图背景颜色**：切换影线和钉板图 / 电缆图纸背景的反转黑色 / 白色。对于其他颜色，在开启时影线为白色。

2. 尺寸

选择【钉板图 / 电缆图纸】节点下的【尺寸】子节点，如图 10-29 所示。

图 10-29　设置尺寸

- **用户自定义尺寸颜色**：确定用户定义的尺寸的颜色。
- **用户自定义尺寸字体**：确定用户定义的尺寸的字体、字体大小和字体格式。
- **用户自定义尺寸线条阵列**：确定尺寸的默认线条样式，如虚线、点画线等。
- **用户自定义尺寸线条厚度**：确定尺寸的默认线条宽度。

3. 图形

选择【钉板图 / 电缆图纸】节点下的【图形】子节点，如图 10-30 所示。

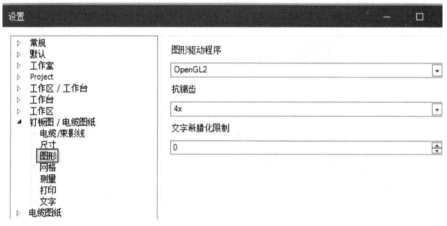

图 10-30 设置图形

- **图形驱动程序**：确定用于显示图形的驱动程序。可用的驱动程序包括 OpenGL2、OpenGL、Direct3D（默认）和 GDI。
- **抗锯齿**：在计算机图形中，抗锯齿是指消除或减少曲线和对角线中锯齿状失真的过程，以便线条看上去更加平滑。用户可以从此下拉列表中选择其中一个可用值。
- **文字希腊化限制**：指定了将替换矩形框的最小文字大小。如果文字的当前显示大小（即使在注释、表格和尺寸中）小于此处确定的希腊化限制，则文字显示为块。

4. 网格

选择【钉板图 / 电缆图纸】节点下的【网格】子节点，如图 10-31 所示。

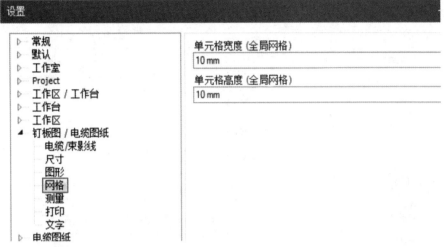

图 10-31 设置网格

- **单元格宽度（全局网格）/ 单元格高度（全局网格）**：定义新创建的全局
  网格的单元格大小。

5. 测量

选择【钉板图 / 电缆图纸】节点下的【测量】子节点，如图 10-32 所示。

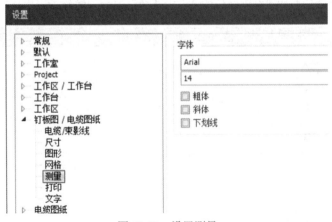

图 10-32 设置测量

- **字体**：确定用于在钉板图 / 电缆图纸工作窗口中显示测量值的字体、字
  体大小和字体格式。

6. 打印

选择【钉板图 / 电缆图纸】节点下的【打印】子节点，如图 10-33 所示。

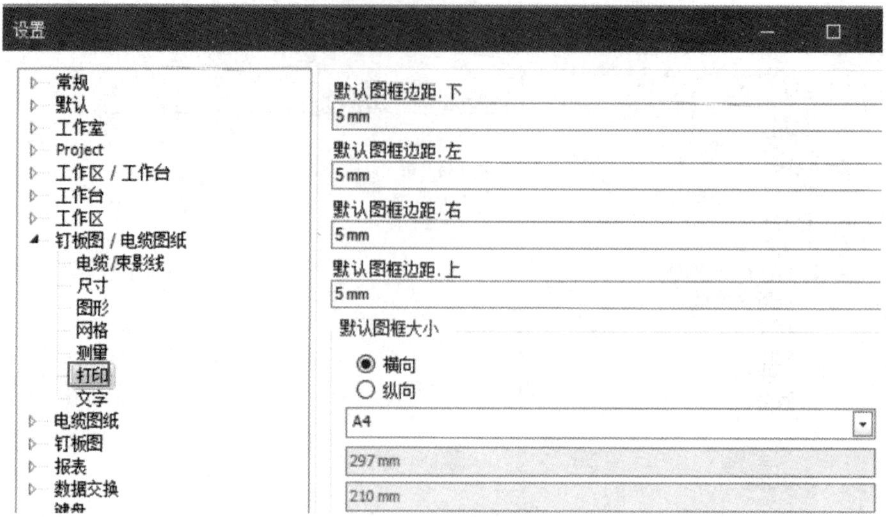

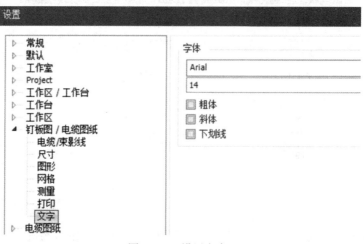

图 10-33   设置打印

- **默认图框边距**：确定默认图框的上下左右边距。
- **默认图框大小**：确定横向或纵向格式和纸张尺寸。

7. 文字

选择【钉板图 / 电缆图纸】节点下的【文字】子节点，如图 10-34 所示。

图 10-34   设置文字

- **字体**：确定用于钉板图 / 电缆图纸中对象文本的字体、字体大小和字体格式。此设置应用于表格、文本等对象。

10.1.8 电缆图纸

在应用设置编辑器界面中选择【电缆图纸】节点，如图 10-35 所示。

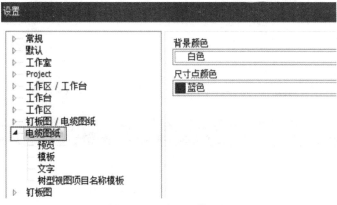

图 10-35 设置电缆图纸

- **背景颜色**：确定电缆图纸的背景颜色。
- **尺寸点颜色**：确定尺寸点的颜色。

 提示：

当 EPLAN Harness proD Studio 打开了项目，且正处于电缆图纸环境时，该设置全部子节点可用。

1. 预览

选择【电缆图纸】节点下的【预览】子节点，如图 10-36 所示。

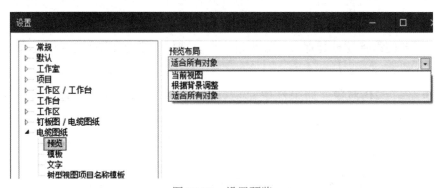

图 10-36 设置预览

- **当前视图**：保存电缆图纸时，项目结构中电缆图纸的预览适合当前场景视图。
- **根据背景调整**：保存电缆图纸时，项目结构中电缆图纸的预览适合图纸边框。
- **适合所有对象**：保存电缆图纸时，项目结构中电缆图纸的预览适合所有对象。

2. 模板

选择【电缆图纸】节点下的【模板】子节点，如图 10-37 所示。

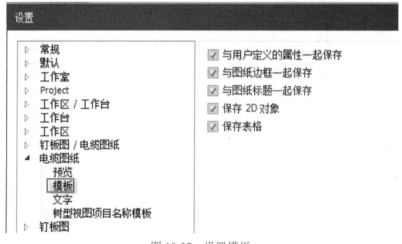

图 10-37　设置模板

- **与用户定义的属性一起保存**：如果选中此复选框，则电缆图纸模板中包含电缆图纸文档的用户定义的属性。
- **与图纸边框一起保存**：如果选中此复选框，则电缆图纸模板中包含图纸边框。
- **与图纸标题一起保存**：如果选中此复选框，则电缆图纸模板中包含图纸标题。
- **保存 2D 对象**：如果选中此复选框，则电缆图纸模板中包含自由几何图形。
- **保存表格**：如果选中此复选框，则电缆图纸模板中包含表格。

3. 文字

选择【电缆图纸】节点下的【文字】子节点，如图 10-38 所示。

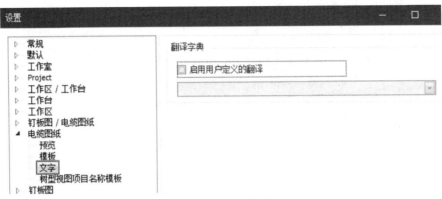

图 10-38 设置文字

● **翻译字典**：如果选中【启用用户定义的翻译】复选框并且在设置中指定了翻译文件（*.hxlf），则从下拉列表中选择所需语言。更多有关详细信息息请参见 www.eplan.help 官方帮助文档。

4. 树型视图项目名称模板

选择【电缆图纸】节点下的【树型视图项目名称模板】子节点，如图 10-39所示。

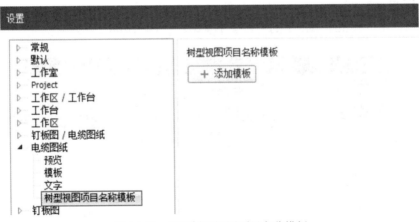

图 10-39 设置树型视图项目名称模板

● **树型视图项目名称模板**：可以自定义插入电缆图纸中的部件名称在【树型视图】选项卡中的显示方式。

10.1.9 钉板图

在应用设置编辑器界面中选择【钉板图】节点，如图 10-40 所示。

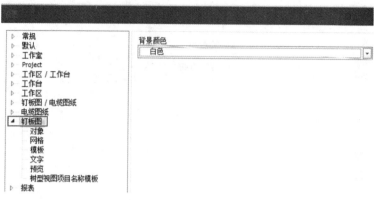

图 10-40　设置钉板图

● **背景颜色**：确定钉板图的背景颜色。

 提示：

当 EPLAN Harness proD Studio 打开了项目，且正处于钉板图环境时，该设置全部子节点可用。

1. 对象

选择【钉板图】节点下的【对象】子节点，如图 10-41 所示。

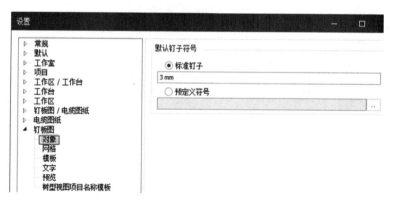

图 10-41　设置对象

● **标准钉子**：定义用户定义的钉子的尺寸。
● **预定义符号**：确定钉子的默认符号。

2. 网格

选择【钉板图】节点下的【网格】子节点，如图 10-42 所示。

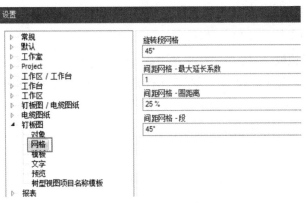

图 10-42　设置网格

- **旋转段网格**：通过指定段之间的角度定义局部网格划分为段的数量。角度越小，移动命令越流畅。

- **间距网格 - 最大延长系数**：定义收缩 / 延长束 / 电缆的最大允许延长系数。默认值"1"不允许任何延长，仅允许收缩；系数"2"允许最大延长 100%。

- **间距网格 - 圆距离**：通过百分比指定值（10% 需要 10 步，25% 需要 4 步，依此类推）定义间距网格的径向收缩步骤数量。

- **间距网格 - 段**：通过指定段之间的角度定义间距网格划分为段的数量。角度越小，移动命令越流畅。

3. 模板

选择【钉板图】节点下的【模板】子节点，如图 10-43 所示。

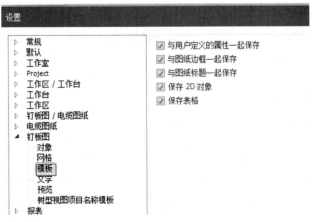

图 10-43　设置模板

- **与用户定义的属性一起保存**：如果选中此复选框，则钉板图模板中包含钉板图文档的用户定义的属性。
- **与图纸边框一起保存**：如果选中此复选框，则钉板图模板中包含图纸边框。
- **与图纸标题一起保存**：如果选中此复选框，则钉板图模板中包含图纸标题。
- **保存 2D 对象**：如果选中此复选框，则钉板图模板中包含自由几何图形。
- **保存表格**：如果选中此复选框，则钉板图模板中包含表格。

4. 文字

选择【钉板图】节点下的【文字】子节点，如图 10-44 所示。

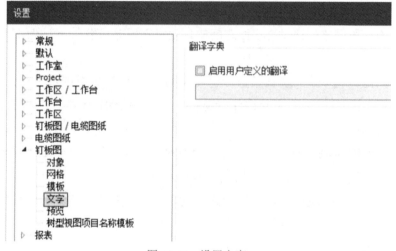

图 10-44   设置文字

- **翻译字典**：如果选中【启用用户定义的翻译】复选框并且在设置中指定了翻译文件（*.hxlf），则在下拉菜单中选择需要翻译的目标语言，钉板图中表格的标题内容都会自动翻译到目标语言。更多有关详细信息请参见 www.eplan.help 官方帮助文档。

10.1.10   报表

在应用设置编辑器界面中选择【报表】节点，如图 10-45 所示。

- **导出报表标题**：确定导出的报表是否包含标题。
- **多值分隔符**：确定用于分隔报告表格的同一单元格中的多个项目的字符。例如，在汇总报告中，相同类型的部件是不同线束或电缆单位的一部分时可能会发生这种情况。

图 10-45　设置报表

- **上一级 - 附件名称分隔符**：确定用于分隔报告表格的同一单元格中父部件名称和其附件名称的字符。

> 💡 **提示：**
>
> 　　当 EPLAN Harness proD Studio 打开了项目，且正处于报表环境时，该设置全部子节点可用。
>
> 　　外部报表和样式表使用会涉及二次开发，这里不再深入介绍。

　　这里仅对【报表】节点下的【文字】子节点进行介绍。选择【报表】节点下的【文字】子节点，如图 10-46 所示。

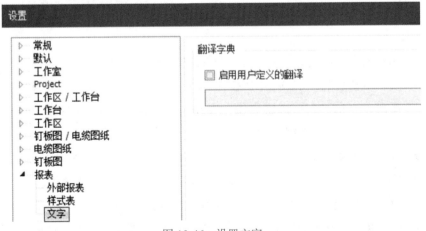

图 10-46　设置文字

- **翻译字典**：如果选中【启用用户定义的翻译】复选框并且在设置中指定了翻译文件（*.hxlf），则在下拉菜单中选择需要翻译的目标语言。更多有关详细信息请参见 www.eplan.help 官方帮助文档。

10.1.11　数据交换

1. 导入

在应用设置编辑器界面中选择【数据交换】节点下的【导入】子节点，如图 10-47 所示。

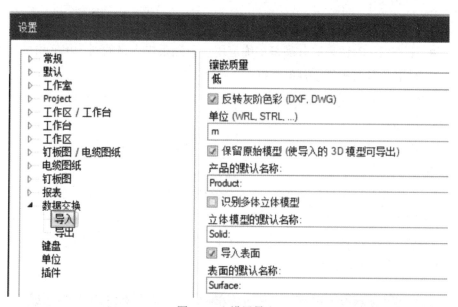

图 10-47　设置导入

- **镶嵌质量**：确定导入的 STEP 和 IGES 对象的质量。
- **反转灰阶色彩（DXF，DWG）**：在黑白色阶上，将灰阶色彩反转为其相反颜色。这有时可能很有用，如在包含黑色背景的 CAD 系统与包含白色背景的系统之间交换数据时。
- **单位（WRL，STRL，...）**：确定用于导入 VRML 对象文件的单位。
- **保留原始模型（使导入的 3D 模型可导出）**：选中该复选框，则导出线束 / 电缆单位时也可包含导入的 3D 机械模型。
- **识别多体立体模型**：如果已选中该复选框，则会在树型视图中将一个部件中的多个立体模型分隔为单个子部件，如 Solid：1、Solid：2。

- **导入表面**：如果已选中该复选框，则会为导入的表面创建额外的节点。

2. 导出

选择【数据交换】节点下的【导出】子节点，如图 10-48 所示。

图 10-48　设置导出

- **将 MTEXT 颜色转换为 ACI（DXF）**：从 2004 年开始，DXF 规范允许为 MTEXT 对象定义完整的 ARGB 色阶，这可能导致较旧的 DXF 导入出现兼容性问题。如果选中该复选框，则 EPLAN Harness proD Studio 会将色彩转换为较旧的 AutoCAD 色彩指数（ACI）。

- **反转灰阶色彩（DXF，DWG）**：在黑白色阶上，将灰阶色彩反转为其相反颜色。这有时可能很有用，如将数据从包含黑色背景的 CAD 系统导入包含白色背景的系统时。

- **2D 图纸文件前缀 / 后缀**：确定导出的 2D 文件的默认文件名称前缀 / 后缀。

- **JT 文件格式**：确定使用哪种 JT 文件格式导出。从受支持的 JT 文件格式列表中选择。

- **STEP 文件格式**：确定使用哪种 STEP 文件格式导出。从受支持的 STEP 文件格式列表中选择。

- **要导出的对象**：选中要导出对象的复选框，每个工作区需要单独选中要导出对象的复选框。

10.1.12　键盘

在应用设置编辑器界面中选择【键盘】节点，如图 10-49 所示。

图 10-49　设置键盘

选中需要设置快捷键的操作，按键盘上的快捷键，系统会记录此操作。单击【创建】按钮，可以创建新的快捷键，但不可以重复已有的快捷键。

10.1.13　单位

在应用设置编辑器界面中选择【单位】节点，如图 10-50 所示。

图 10-50　设置单位

该节点用于确定在 EPLAN Harness proD Studio 中使用的数量的单位，还可确定用于显示数字的有效数字数。

10.1.14　插件

在应用设置编辑器界面中选择【插件】节点，如图 10-51 所示。

图 10-51　设置插件

该节点可为 EPLAN Harness ProD Studio 应用程序添加第三方插件。这些插件通过 EPLAN Harness proD API 开发出来，被封装至 .dll 插件文件中。每个插件文件可包含多个插件。

插件可在指定的模块中使用。进入 EPLAN Harness proD Studio 的这些区域，便可在插件菜单栏中找到这些插件。

10.2　EPLAN Harness proD Library 设置

在 EPLAN Harness proD Library 用户界面中选择【文件】选项卡，进入后台视图，然后单击【设置】进入应用设置编辑器界面，如图 10-52 所示。

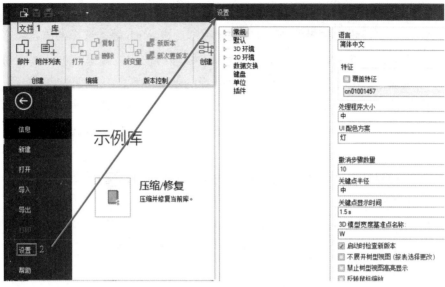

图 10-52　应用设置编辑器界面

10.2.1　常规

在应用设置编辑器界面中选择【常规】节点，如图 10-53 所示。

图 10-53　设置常规

常规设置包含所有环境通用的设置，是全局设置。

- **语言**：设置软件界面语言，如简体中文、English 等，选择的语言会在下次启动 EPLAN Harness proD Library 程序时使用。如果许可证不支持所选语言，则将替换使用安装期间选择的默认语言。

- **特征**：当选中【覆盖特征】复选框时，可在文本字段中输入特征。此内容可用于创建者和上次更改者字段中。默认情况下该复选框未选中，使用 Windows 登录账号名。

- **处理程序大小**：移动、旋转和缩放命令的处理程序的大小，如移动箭头的大小。

- **UI 配色方案**：修改软件界面的底色，确定要用于显示应用程序窗口的颜色（窗口标题、菜单颜色、不活动的文字等），浅色和深色模式可用。

- **撤销步骤数量**：撤销命令的可用步骤数量。

- **关键点半径**：关键点在工作窗口中的显示大小。

- **关键点显示时间**：关键点在通过鼠标指针悬停进行高亮显示的可见性持续时间。

- **3D 模型宽度基准点名称**：当从 EPLAN 平台导入或重新导入某个部件时，要分配给宽度基准点的名称。如果某个部件的宽度被设置为小于该部件的 3D 模型的物理宽度，则在导入期间将创建宽度基准点。此属性可在 EPLAN 平台中的部件的【安装数据】选项卡中找到。

- **启动时检查新版本**：如果选中此复选框，会显示是否有新版本的 EPLAN Harness proD Library 可用的通知。

- **不展开树型视图（报表选择更改）**：选中此复选框时，在工作窗口中选择对应的对象后，导航面板树型视图中的节点不会展开。

- **禁止树型视图高亮显示**：如果选中此复选框，则当鼠标指针在导航面板树型视图中对应的对象上悬停时，将在工作窗口中关闭对象高亮显示。

- **反转鼠标缩放**：切换鼠标中键滚轮旋转时视图缩放的方向。

这里对【常规】节点下的【分隔符】子节点进行介绍。选择【常规】节点下的【分隔符】子节点，如图 10-54 所示。

图 10-54　设置分隔符

- **名称 / 索引分隔符**：确定用于在导航面板树型视图中分隔名称和索引的分隔符。
- **设备和管脚之间的分隔符**：确定设备（连接物、接线端子等）与管脚名称之间的分隔符。
- **完整管脚名称分隔符**：确定完整管脚名称中的分隔符。该分隔符用于插头代号、管脚代号和端子代号属性。
- **连接点代号分隔符**：确定连接点代号之间的分隔符。

10.2.2　默认

1. 路径

在应用设置编辑器界面中选择【默认】节点下的【路径】子节点，如图 10-55 所示。

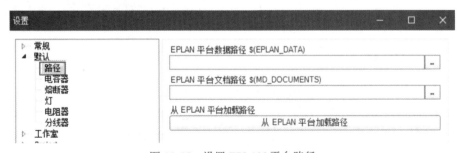

图 10-55　设置 EPLAN 平台路径

如果使用了 EPLAN 平台其他软件，如 EPLAN Electric P8，那么在该子节点下可以直接加载 EPLAN 平台的数据路径和文档路径，单击【从 EPLAN 平台加载路径】按钮即可，如图 10-56 所示。

图 10-56　加载 EPLAN 平台路径

2. 其他子节点

在 EPLAN Harness proD Library 中创建的特殊组件或从 EPLAN 平台项目交换中导入的特殊组件的默认尺寸为 10mm。此默认尺寸可在此设置下的其他子节点进行自定义。

选择【默认】节点下的其他子节点，如【电容器】，如图 10-57 所示，对【大小】属性进行自定义。

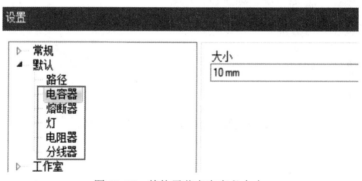

图 10-57　其他子节点自定义大小

10.2.3　3D环境

在应用设置编辑器界面中选择【3D 环境】节点，如图 10-58 所示。

- **选定对象的颜色**：确定选定对象时对象的颜色。
- **高亮显示对象的颜色**：确定对象高亮显示时的颜色，即将鼠标指针悬停在对象上方时显示的颜色。
- **默认对象颜色**：新创建对象的默认颜色，不含特定颜色设置（如控制点）。
- **参考平面可见**：确定参考平面在工作区 / 工作台工作窗口中是否可见。

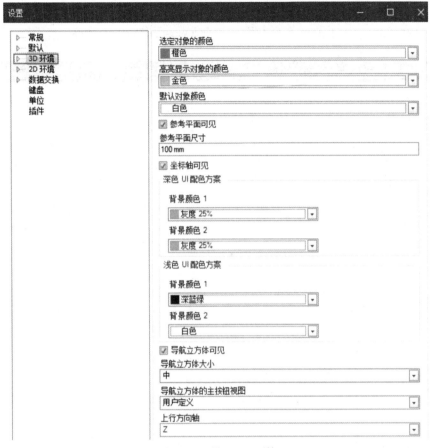

图 10-58　设置 3D 环境

- **参考平面尺寸**：确定工作区 / 工作台工作窗口中参考平面的尺寸。

- **坐标轴可见**：切换坐标轴的可见性。

- **深色 UI 配置方案 / 浅色 UI 配置方案**：确定工作区背景的外观。用户可以确定两种不同颜色来创建包含颜色变换的背景；也可以确定两种完全相同的颜色，以使背景为单色。

- **导航立方体可见**：切换导航立方体、主页按钮和旋转控件的可见性。导航立方体在工作台中不可用。

- **导航立方体大小**：确定导航立方体的大小。

- **导航立方体的主按钮视图**：确定导航立方体的主按钮视图，如 ISO 视图、前视图等。

- **上行方向轴**：定义在工作区工作窗口中的上行方向的轴，如 Z 轴向上。

1. 图形

选择【3D 环境】节点下的【图形】子节点，如图 10-59 所示。

图 10-59　设置图形

- **图形驱动程序**：确定用于显示图形的驱动程序。可用的驱动程序包括 OpenGL2、Direct3D（默认）和 GDI。
- **图形设置**：该选项栏包含以下选项：
  - ➤ **预置**：该下拉栏包含以下选项：
    - ■ **最佳性能**：注重最佳性能。
    - ■ **均衡**：性能和显示质量之间平衡。
    - ■ **最佳质量**：注重最佳显示质量。
    - ■ **用户定义**：选中时，可以自定义抗锯齿、着色模型、像素剔除阈值、局部软阴影、背面剔除和快速透明度。

2. 网格

选择【3D 环境】节点下的【网格】子节点，如图 10-60 所示。

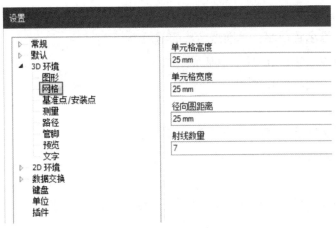

图 10-60　设置网格

- **单元格高度 / 单元格宽度**：定义新创建的网格的单元格大小。
- **径向圆距离**：确定新创建的径向网格中圆的范围。
- **射线数量**：确定新创建的径向网格中射线的数量。

3. 基准点 / 安装点

选择【3D 环境】节点下的【基准点 / 安装点】子节点，如图 10-61 所示。

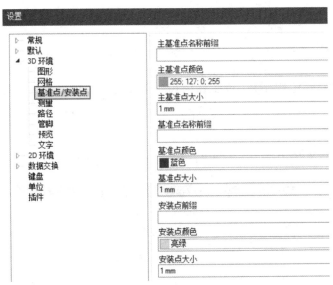

图 10-61　设置基准点 / 安装点

- **主基准点名称前缀**：主基准点名称的前缀。
- **主基准点颜色**：3D 环境中主基准点的颜色。

- **主基准点大小**：3D 环境中主基准点的大小。
- **基准点名称前缀**：基准点名称的前缀。
- **基准点颜色**：3D 环境中基准点的颜色。
- **基准点大小**：3D 环境中基准点的大小。
- **安装点前缀**：安装点名称的前缀。
- **安装点颜色**：3D 环境中安装点的颜色。
- **安装点大小**：3D 环境中安装点的尺寸。

4. 测量

选择【3D 环境】节点下的【测量】子节点，如图 10-62 所示。

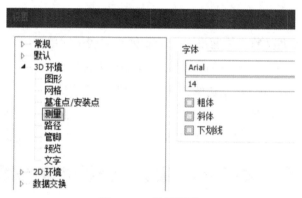

图 10-62　设置测量

- **字体**：确定用于在 3D 工作窗口中显示测量值的字体、字体大小和字体格式。

5. 路径

选择【3D 环境】节点下的【路径】子节点，如图 10-63 所示。

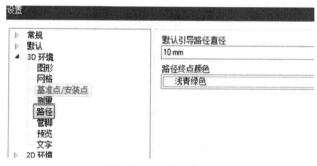

图 10-63　设置路径

- **默认引导路径直径**：新创建的引导路径的默认直径。
- **路径终点颜色**：新创建的引导路径终点的默认颜色。

6. 管脚

选择【3D 环境】节点下的【管脚】子节点，如图 10-64 所示。

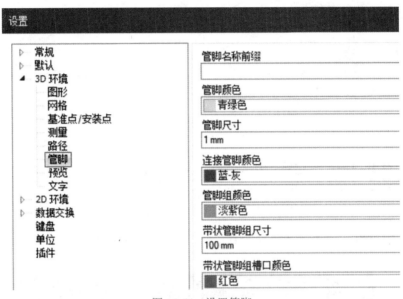

图 10-64　设置管脚

- **管脚名称前缀**：新创建的管脚的默认前缀。其显示在 3D 窗口导航面板和连接器属性中。
- **管脚颜色**：新创建的管脚的默认颜色。
- **管脚尺寸**：新创建的管脚的默认大小。
- **连接管脚颜色**：装配体 / 设备组件中新创建的连接管脚的默认颜色。
- **管脚组颜色**：新创建的管脚组的默认颜色。
- **带状管脚组尺寸**：新创建的带状管脚组的默认大小。
- **带状管脚组槽口颜色**：新创建的带状管脚组槽口的默认颜色。

7. 预览

选择【3D 环境】节点下的【预览】子节点，如图 10-65 所示。

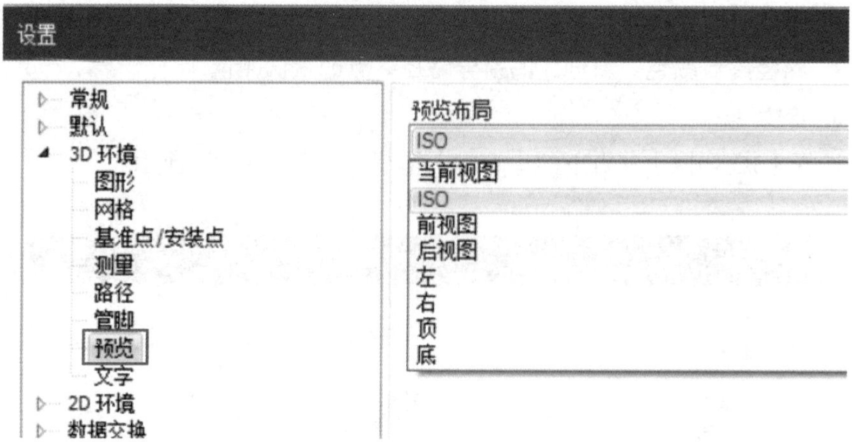

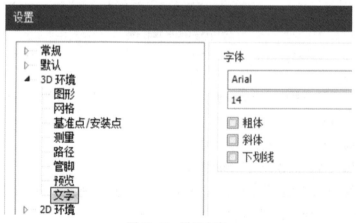

图 10-65 设置预览

- **预览布局**：指定将用作工作区预览的 3D 视图类型，如 ISO、前视图、后视图等。

8. 文字

选择【3D 环境】节点下的【文字】子节点，如图 10-66 所示。

图 10-66 设置文字

- **字体**：确定新创建的注释的字体、字体大小和字体格式。

10.2.4 2D 环境

在应用设置编辑器界面中选择【2D 环境】节点，如图 10-67 所示。

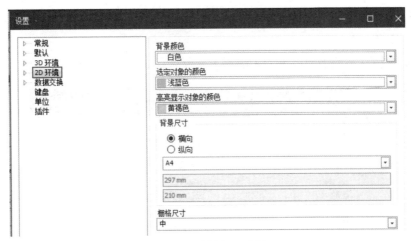

图 10-67 设置 2D 环境

- **背景颜色**：确定 2D 窗口的背景颜色。

- **选定对象的颜色**：确定在 2D 窗口中选择的对象的颜色。

- **高亮显示对象的颜色**：确定对象在 2D 窗口中高亮显示时的颜色，即将鼠标指针悬停在对象上方时显示的颜色。

- **背景尺寸**：新创建的 2D 窗口背景的大小（显示为虚线矩形）。部分预定义格式可以从下拉列表中选择，也可以使用用户定义选项来确定自己所需的高度和宽度。此外，还可通过选择两个可用选项之一来确定背景方向。

- **栅格尺寸**：对象处理程序的示意图（黑色正方形）大小。

1. 2D 管脚

选择【2D 环境】节点下的【2D 管脚】子节点，如图 10-68 所示。

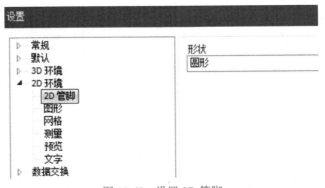

图 10-68 设置 2D 管脚

● **形状**：将 2D 管脚的形状定义为正方形或圆形。

2. 图形

选择【2D 环境】节点下的【图形】子节点，如图 10-69 所示。

图 10-69　设置图形

● **图形驱动程序**：确定用于显示图形的驱动程序。可用的驱动程序包括 OpenGL2、OpenGL、Direct3D（默认）和 GDI。

● **抗锯齿**：在计算机图形中，抗锯齿是指消除或减少曲线和对角线中锯齿状失真的过程，以便线条看上去更加平滑。用户可以从此下拉列表中选择其中一个可用值。

● **文字希腊化限制**：指定了将替换矩形框的最小文字大小。如果文字的当前显示大小（即使在注释、表格和尺寸中）小于此处确定的希腊化限制，则文字显示为块。

3. 网格

选择【2D 环境】节点下的【网格】子节点，如图 10-70 所示。

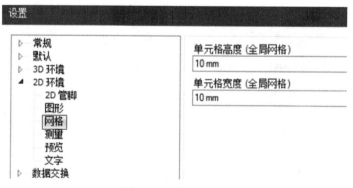

图 10-70　设置网格

● **单元格高度（全局网格）/ 单元格宽度（全局网格）**：定义新创建的 2D 窗口全局网格的大小。

4. 测量

选择【2D 环境】节点下的【测量】子节点，如图 10-71 所示。

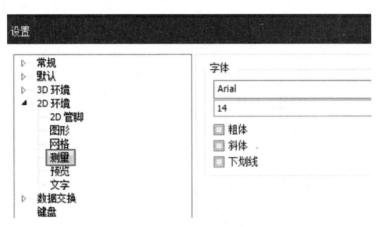

图 10-71　设置测量

● **字体**：确定用于在 2D 工作窗口中显示测量值的字体、字体大小和字体格式。

5. 预览

选择【2D 环境】节点下的【预览】子节点，如图 10-72 所示。

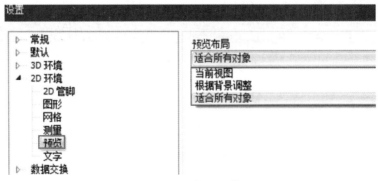

图 10-72　设置预览

● **当前视图**：保存 2D 窗口时，部件视图中 2D 窗口的预览适合当前场景视图。

● **根据背景调整**：保存 2D 窗口时，部件视图中 2D 窗口的预览适合图纸边框。

● **适合所有对象**：保存 2D 窗口时，部件视图中 2D 窗口的预览适合所有对象。

6. 文字

选择【2D 环境】节点下的【文字】子节点，如图 10-73 所示。

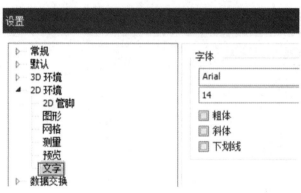

图 10-73 设置文字

● **字体**：确定文字、注释、表格和尺寸的字体、字体大小和字体格式。

10.2.5 数据交换

1. 导入

在应用设置编辑器界面中选择【数据交换】节点下的【导入】子节点，如图 10-74 所示。

图 10-74 设置导入

- **镶嵌质量**：确定导入的 STEP 和 IGES 对象的质量。
- **反转灰阶色彩（DXF，DWG）**：在黑白色阶上，将灰阶色彩反转为其相反颜色。这有时可能很有用，如在包含黑色背景的 CAD 系统与包含白色背景的系统之间交换数据时。
- **导入表面**：如果已选中此复选框，则会为导入的表面创建额外的节点。
- **识别多体立体模型**：如果已选中此复选框，则会在树型视图中将一个部件中的多个立体模型分隔为单个子部件，如 Solid：1、Solid：2。
- **首选 3D 宏导入许可证类型**：确定从 EPLAN 平台数据库导入 3D 宏时要使用的许可证类型。如果许可证的所选类型不可用，则会按以下顺序自动应用其他类型的许可证：EPLAN Electric P8 → EPLAN Pro Panel → EPLAN Fluid。

2. 导出

选择【数据交换】节点下的【导出】子节点，如图 10-75 所示。

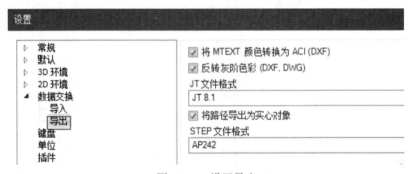

图 10-75　设置导出

- **将 MTEXT 颜色转换为 ACI（DXF）**：从 2004 年开始，DXF 规范允许为 MTEXT 对象定义完整的 ARGB 色阶，这可能导致较旧的 DXF 导入出现兼容性问题。如果选中该复选框，则 EPLAN Harness proD Studio 会将色彩转换为较旧的 AutoCAD 色彩指数（ACI）。
- **反转灰阶色彩（DXF，DWG）**：在黑白色阶上，将灰阶色彩反转为其相反颜色。这有时可能很有用，如将数据从包含黑色背景的 CAD 系统导入包含白色背景的系统时。
- **JT 文件格式**：确定使用哪种 JT 文件格式导出。从受支持的 JT 文件格式列表中选择。

- **将路径导出为实心对象**：引导部件的路径以实体格式导出。
- **STEP 文件格式**：确定使用哪种 STEP 文件格式导出。从受支持的 STEP 文件格式列表中选择。

10.2.6　键盘

在应用设置编辑器界面中选择【键盘】节点，如图 10-76 所示。

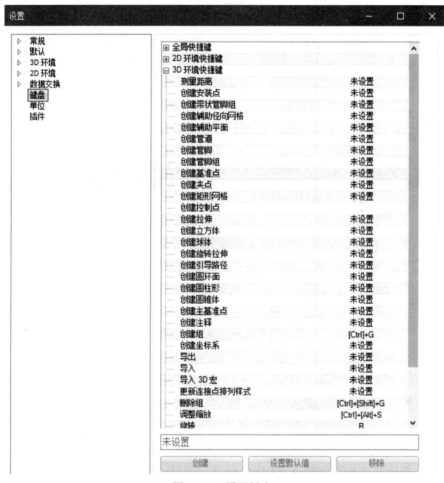

图 10-76　设置键盘

选中需要设置快捷键的操作，按键盘上的快捷键，系统会记录该操作。单击【创建】按钮，可以创建新的快捷键，但不可以重复已有的快捷键。

10.2.7　单位

在应用设置编辑器界面中选择【单位】节点，如图 10-77 所示。

图 10-77　设置单位

确定在 EPLAN Harness proD Library 中使用的数量的单位，还可确定用于显示数字的有效数字数。

10.2.8　插件

在应用设置编辑器界面中选择【插件】节点，如图 10-78 所示。

图 10-78　设置插件

　　可为 EPLAN Harness ProD Library 应用程序添加第三方插件。这些插件通过 EPLAN Harness proD API 开发出来，被封装至 .dll 插件文件中。每个插件文件可包含多个插件。

　　插件可在指定的模块中使用。进入 EPLAN Harness proD Library 的这些区域，便可在【插件】菜单栏中找到这些插件。

第 11 章
实战宝典

本章将集中展示用户在 EPLAN Harness proD Studio/Library 的实际应用过程中积累的宝贵经验,以期能帮助更多的读者深入理解软件功能,并发掘出适合自己本身工作的新思路。

本章练习的目的:

- 了解 EPLAN Harness proD Studio/Library 的深入应用
- 了解 EPLAN Harness proD Studio/Library 与 EPLAN 平台的交互
- 了解 EPLAN Harness proD Studio/Library 与 MCAD、生产制造的结合

11.1 库相关

如果多个用户需要共享使用同一个 EPLAN Harness Library 的部件库,建议选择 Microsoft SQL Server 作为共享部件库,而不是使用基于文件系统的部件库。这是因为类别树只有在使用 SQL 部件库时才会出现。

如果 SQL 部件库中存在由多个不同用户创建的部件,而人们需要将其中某个用户创建的部件归并在一个类别下时,就可以通过配置类别树的方法来实现,具体操作步骤如下:

1)在 EPLAN Harness proD Library 的后台视图中选择【设置】,如图 11-1所示。

图 11-1　选择【设置】

2）在【设置】窗口中选择【常规】节点下的【类别树】子节点，在【未使用的属性】栏中选择【上次更改者】，并单击【向右】▷ 按钮，将其移动到【活动属性】栏，最后单击【置顶】▲ 按钮，如图 11-2 所示。

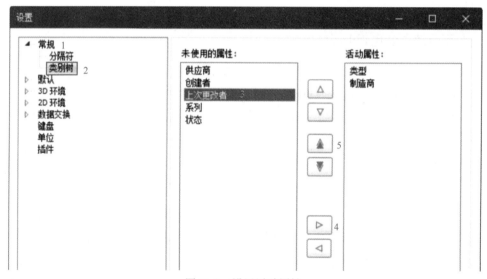

图 11-2　设置活动属性

3）配置后的活动属性如图 11-3 所示。

4）单击【设置】窗口中的【确定】按钮，在 EPLAN Harness proD Library 库视图中，部件将根据【上次更改者】属性自动归类，如图 11-4 所示。

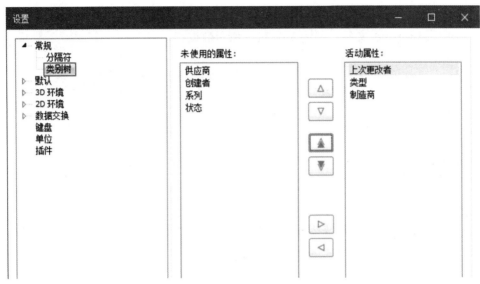

图 11-3　配置后的活动属性

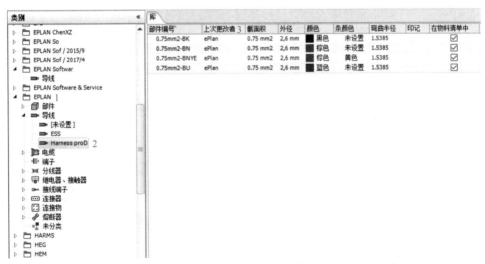

图 11-4　部件自动归类效果

11.2　部件创建相关

11.2.1　批量创建连接器

EPLAN Harness proD Library 支持通过导入外部文件的方式批量创建连接器。

外部文件可以是 .txt 或 .csv 格式。

1）新建 Excel 文件，并输入图 11-5 所示数据。

#类别	部件编号	厂商	厂商类型	数量	状态	EPLAN
EPLAN\连接器	EPLAN connector 1	EPLAN	INTERNAL	EPLAN101	INWORK	User 1
EPLAN\连接器	EPLAN connector 2	EPLAN	SUPPLIER	EPLAN102	APPROVED	User 2
EPLAN\连接器	EPLAN connector 3	EPLAN	MANUFACTURER	EPLAN103	RELEASED	User 3
EPLAN\连接器	EPLAN connector 4	EPLAN	CROSSREF	EPLAN104	INREVIEW	User 4
EPLAN\连接器	EPLAN connector 5	EPLAN	INTERNAL	EPLAN105	ACTIVE	User 5
EPLAN\连接器	EPLAN connector 6	EPLAN	SUPPLIER	EPLAN106	OBSOLETE	User 6
EPLAN\连接器	EPLAN connector 7	EPLAN	MANUFACTURER	EPLAN107	BASELINED	User 7
EPLAN\连接器	EPLAN connector 8	EPLAN	CROSSREF	EPLAN108	INWORK	User 8

图 11-5　新建 Excel 文件并输入数据

Excel 表中，厂商类型列对应 EPLAN Harness proD Library 中部件【全局属性】窗口中【外部编号】栏下的【类型】列，如图 11-6 所示。

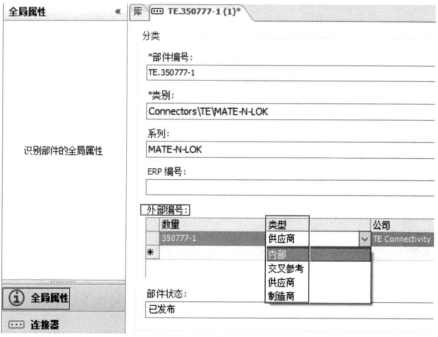

图 11-6　部件【全局属性】窗口中的【类型】列

Excel 表中，厂商类型列中各属性值与 EPLAN Harness proD Library 中部件的【类型】列中的属性值对应关系如下：

➢ INTERNAL 对应"内部"；

➢ SUPPLIER 对应"供应商"；

➢ MANUFACTURER 对应"制造商";

➢ CROSSREF 对应"交叉参考"。

Excel 表中,状态列对应 EPLAN Harness proD Library 中部件【全局属性】窗口的【部件状态】列,如图 11-7 所示。

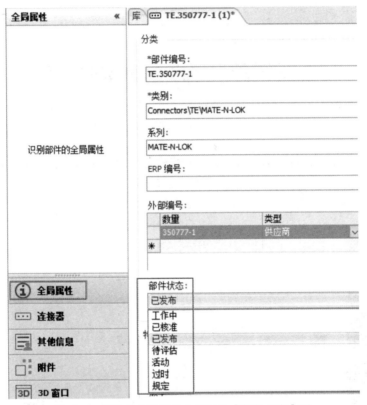

图 11-7　部件【全局属性】窗口的【部件状态】列

Excel 表中,状态列中各属性值与 EPLAN Harness proD Library 中部件的【部件状态】列中的属性值对应关系如下:

➢ INWORK 对应"工作中";

➢ APPROVED 对应"已核准";

➢ RELEASED 对应"已发布";

➢ INREVIEW 对应"待评估";

➢ ACTIVE 对应"活动";

➢ OBSOLETE 对应"过时";

➢ BASELINED 对应"规定"。

2）将 Excel 文件另存为逗号分隔的 CSV UTF-8 格式文件，如图 11-8 所示。

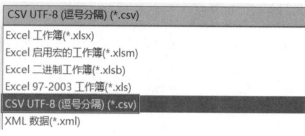

图 11-8　文件另存为 CSV 文件

3）在 EPLAN Harness proD Library 的后台视图中，依次选择【导入】【库】【导入外部数据】，如图 11-9 所示。

图 11-9　导入外部数据

4）在弹出的【导入文件】对话框中单击【要导入的数据文件】的浏览按钮，选择要导入的数据文件 [（第 2）步保存的 CSV 文件）]，然后单击【下一步】按钮，如图 11-10 所示。

图 11-10　选择数据文件

5）在【定义属性】对话框中，在【类型】下拉列表中选择【连接器】，如图 11-11 所示。

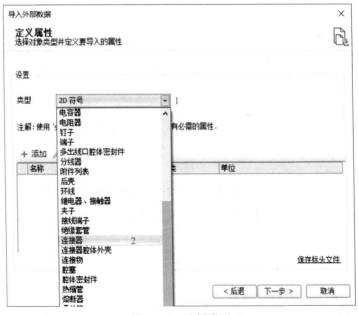

图 11-11　选择类型

6）单击【必需】按钮，将自动添加【类别】和【部件编号】两个必需属
性。然后单击【添加】按钮，选中【预定义属性】单选按钮并添加必要的属性
（按照 Excel 表中的列逐个添加，且顺序与表格中的列顺序从左往右——对应），
如图 11-12 所示。

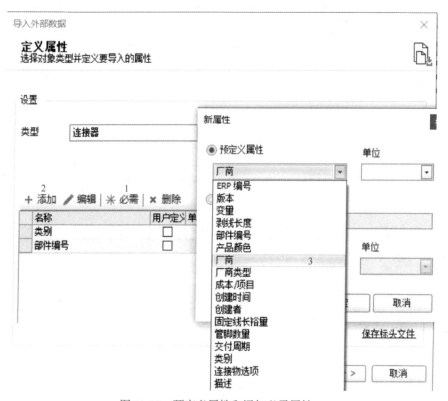

图 11-12　预定义属性和添加必需属性

7）选中【用户定义的属性】单选按钮并输入 EPLAN，即可自由定义连接
器【其他信息】的用户自定义属性，导入特殊的必要信息，还可以根据需要设
置单位类型和单位，如图 11-13 所示，然后单击【确定】按钮。

8）在【数据选择】对话框中，在【分隔符】栏中选中【逗号】和【制表
符】复选框，并在【忽略以下列内容开始的行】中输入符号 "#"，即可清晰地
看到表格中的所有内容，然后单击【下一步】按钮，如图 11-14 所示。

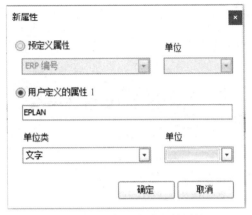

图 11-13　添加用户定义的属性

图 11-14　【数据选择】对话框

9）检查表格中的内容与 EPLAN Harness proD Library 部件的属性是否一一对应，然后在【现有部件的处理】下拉列表中选择【覆盖现有】，并单击【开始】按钮，执行数据的导入，如图 11-15 所示。

10）导入完成后，会看到导入结果，如导入数据成功、失败和删除信息，如图 11-16 所示。

图 11-15　导入数据

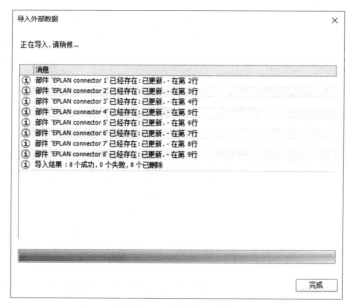

图 11-16　数据导入结果

11）在 EPLAN Harness proD Library 中找到导入后的连接器,全部显示为红色,表示不可用,如图 11-17 所示。需要为每个连接器补充管脚等其他必要属性后并保存,该部件才可用。

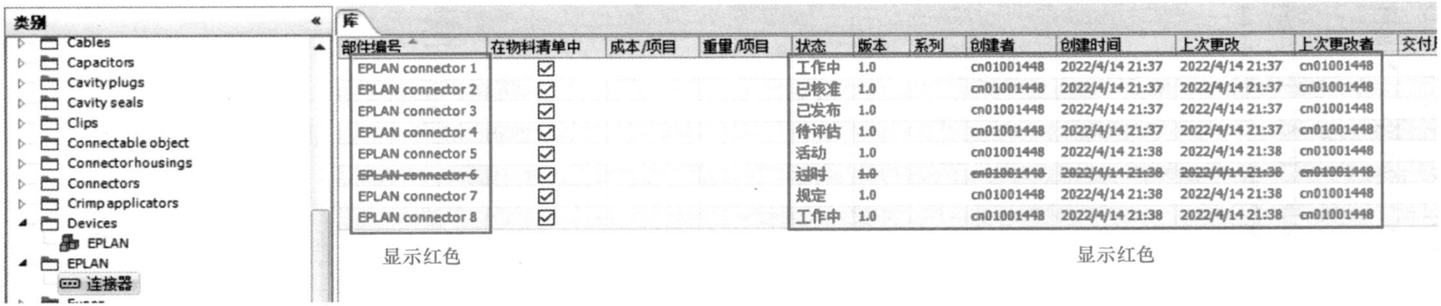

图 11-17　显示为红色的部件

11.2.2　批量创建导线

与批量创建连接器相同，导线也可以通过导入外部表格的方式实现批量创建。

1）新建 Excel 文件，并输入入图 11-18 所示数据。

	A	B	C	D	E	F	G	H	I	J	K	L	M
#类别	部件编号		截面积	外径	弯曲半径	厂商	厂商类型	数量	状态	颜色	条颜色	印记	EPLAN
EPLAN\号线	EPLAN wire 1	0.15	0.5		2	EPLAN	INTERNAL	EPLAN201	RELEASED	RED	WHITE	1	User 11
EPLAN\号线	EPLAN wire 2	0.25	0.5		2	EPLAN	SUPPLIER	EPLAN202	RELEASED	RED	pink	2	User 12
EPLAN\号线	EPLAN wire 3	0.35	0.5		2	EPLAN	MANUFACTURER	EPLAN203	RELEASED	black	orange	3	User 13
EPLAN\号线	EPLAN wire 4	0.5	1		3	EPLAN	CROSSREF	EPLAN204	RELEASED	yellow		4	User 14
EPLAN\号线	EPLAN wire 5	0.75	1		3	EPLAN	INTERNAL	EPLAN205	RELEASED	green		5	User 15
EPLAN\号线	EPLAN wire 6	1	2		3	EPLAN	SUPPLIER	EPLAN206	RELEASED	cyan		6	User 16
EPLAN\号线	EPLAN wire 7	1.5	3		4	EPLAN	MANUFACTURER	EPLAN207	RELEASED	blue		7	User 17
EPLAN\号线	EPLAN wire 8	2	4		4	EPLAN	CROSSREF	EPLAN208	RELEASED	purple		8	User 18

图 11-18　新建 Excel 文件并输入数据

在导线数据的 Excel 表中，厂商类型列、状态列与 EPLAN Harness proD Library 中部件【全局属性】窗口中的属性对应关系，请参考 11.2.1 小节 "批量创建连接器"。

在导线数据的 Excel 表中，颜色列和条颜色列分别对应 EPLAN Harness proD Library 中部件的【导线】窗口中【颜色】和【条颜色】栏，如图 11-19 所示。

图 11-19　部件【导线】窗口

Excel 表中，颜色列中各属性值与 EPLAN Harness proD Library 中部件的【颜色】栏中的属性值对应关系如下：

➢ RED 对应 "红色"；

➢ BLACK 对应 "黑色"；

➢ BLUE 对应 "蓝色"。

 提示：

　　Excel 表中英文字母大小写均可，如果导线是多色导线，则需要在条颜色列中输入数据。

2）将 Excel 文件另存为逗号分隔的 CSV UTF-8 格式文件，如图 11-20 所示。

3）在 EPLAN Harness proD Library 的后台视图中依次选择【导入】【库】【导入外部数据】，如图 11-21 所示。

图 11-20　文件另存为 CSV 文件

图 11-21　导入外部数据

4）在弹出的【导入文件】对话框中，单击【要导入的数据文件】的浏览按钮，选择要导入的数据文件 [（第 2）步保存的 CSV 文件）]，然后单击【下一步】按钮，如图 11-22 所示。

图 11-22　选择数据文件

5）在【定义属性】对话框中，在【类型】下拉列表中选择【导线】，如图 11-23 所示。

6）单击【必需】按钮，将自动添加导线所需的必需属性。然后单击【添加】按钮，选中【预定义属性】单选按钮并添加必要的属性（按照 Excel 表中的列逐个添加，且顺序与表格中的列顺序从左往右一一对应），如图 11-24所示。

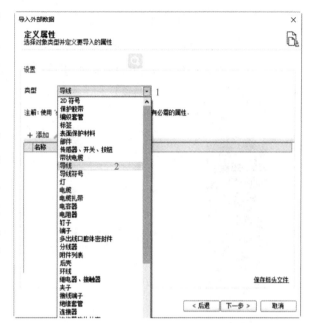

图 11-23 选择类型

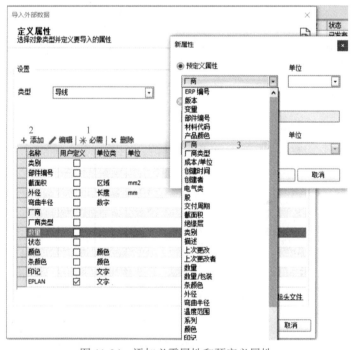

图 11-24 添加必需属性和预定义属性

7）选中【用户定义的属性】单选按钮并输入 EPLAN，即可自由定义连接器【其他信息】的用户自定义属性，导入特殊的必要信息，还可以根据需要设置单位类型和单位，如图 11-25 所示，然后单击【确定】按钮。

图 11-25　添加用户定义的属性

8）在【数据选择】对话框中，在【分隔符】栏中选中【逗号】和【制表符】复选框，并在【忽略以下列内容开始的行】中输入符号"#"，即可清晰地看到表格中的所有内容，然后单击【下一步】按钮，如图 11-26 所示。

图 11-26　【数据选择】对话框

9）检查表格中的内容与 EPLAN Harness proD Library 部件的属性是否一一对应，然后在【现有部件的处理】下拉列表中选择【覆盖现有】，并单击【开始】按钮，执行数据的导入，如图 11-27 所示。

图 11-27　导入数据

10）导入完成后，会看到导入结果，如导入数据成功、失败和删除信息，如图 11-28 所示。

图 11-28　数据导入结果

11）在 EPLAN Harness proD Library 中找到导入后的导线，如图 11-29 所示，状态正常，可直接应用于 EPLAN Harness proD Studio 设计。

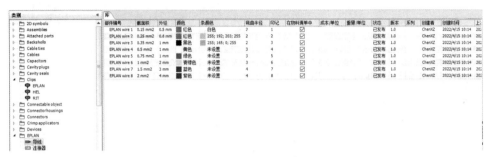

图 11-29　导入的导线部件

11.2.3　部件用户自定义属性应用

在 EPLAN Harness proD Library 中，每个部件都可以增加用户自定义属性。特别是某些具有特定含义的特殊属性，使用【用户定义的属性】可非常方便地管理此类属性，并可以在 EPLAN Harness proD Studio 的工作区 / 工作台、钉板图、电缆图纸和报表等环境中调用显示部件的用户自定义属性。

如果 EPLAN Harness proD Library 使用的是 EPLAN 平台的 SQL 部件库，则 EPLAN Harness proD Library 的【用户定义的属性】与 EPLAN 平台的部件的【自由属性】可以实现双向同步，如图 11-30 所示。

EPLAN Harness proD 重量、用户定义的属性和标识映射	EPLAN 平台 2022 主数据属性 部件管理选项卡和字段名称
电缆重量	属性 > 重量 / 长度
导线重量	属性 > 重量 / 长度
重量/项目	安装数据 > 重量
用户定义的属性	自由属性
标识	特性

图 11-30　EPLAN Harness proD Library 与 EPLAN 平台部件属性对照

1）打开部件【TE.735075-0】并切换到【其他属性】面板，在【用户定义的属性】栏中新建名称【EPLAN】，并输入 EPLAN China，然后保存，如图 11-31 所示。

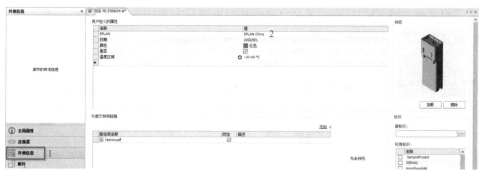

图 11-31   新增用户自定义属性值

> 💡 **提示：**
>
> 用户定义的属性可以编辑为多个类型、多个值和单位输入，如日期、颜色、布尔值、范围值等。

2）在 EPLAN Harness proD Studio 的工作区中单击【工作区】选项卡中的【更新来自库的部件】按钮，在弹出的【更新来自库的部件】对话框中选中需要更新的部件前的复选框，单击【开始】按钮，如图 11-32 所示，EPLAN Harness proD Studio 将自动更新更改了的部件。

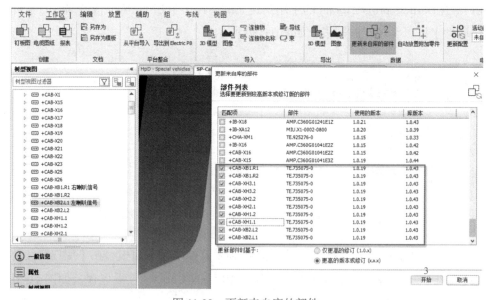

图 11-32   更新来自库的部件

3）更新完成后，在部件编号为【TE.735075-0】的连接物的【属性】中可以看到新增的用户定义的属性名称及其值，如图 11-33 所示，然后保存工作区。

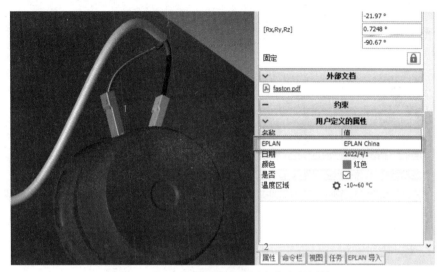

图 11-33　连接物属性中的用户定义的属性

> **提示：**
>
> 如果不保存工作区，则无法将新增的用户自定义的属性同步到钉板图或报表中。

4）打开该部件对应的钉板图，单击【钉板图】选项卡中的【更新】按钮，更新钉板图，如图 11-34 所示。

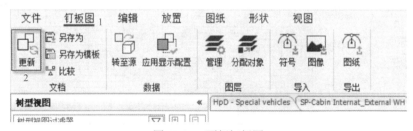

图 11-34　更新钉板图

5）在【钉板图显示配置集编辑器】窗口中，选择【表格】节点下的【物料清单】子节点，并在【列】选项栏中单击【新的用户定义属性】 + 按钮，填写新属性的名称为 EPLAN，然后单击【确定】按钮，如图 11-35 所示。

图 11-35　表格显示配置增加用户定义的属性

6）单击【钉板图】选项卡中的【应用显示配置】按钮，在物料清单表中可以看到部件编号为【TE.735075-0】的部件，其【EPLAN】列中具有值 EPLAN China，如图 11-36 所示。

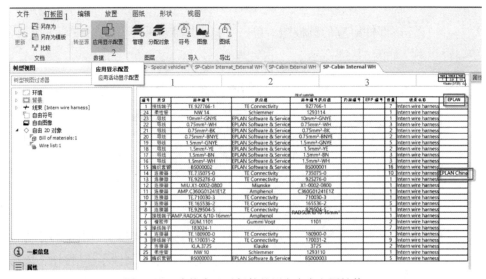

图 11-36　表格中显示部件的用户自定义属性值

7）配置【连接物符号】显示，如图11-37所示，然后单击【确定】按钮保存。

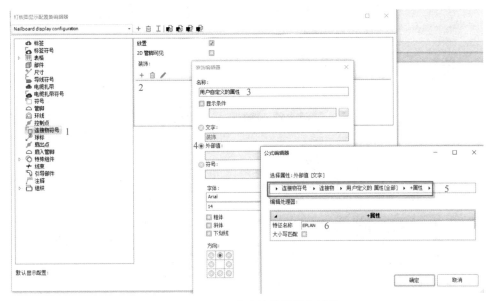

图11-37　配置【连接物符号】显示

8）应用更改后的显示配置，钉板图中连接物的符号显示了用户自定义的属性的值，如图11-38所示。

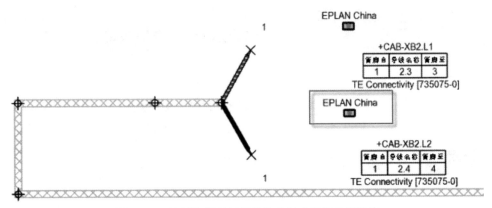

图11-38　连接物符号显示部件的用户自定义属性值

9）配置报表显示如图11-39所示。

10）报表中显示部件的用户自定义属性值如图11-40所示。

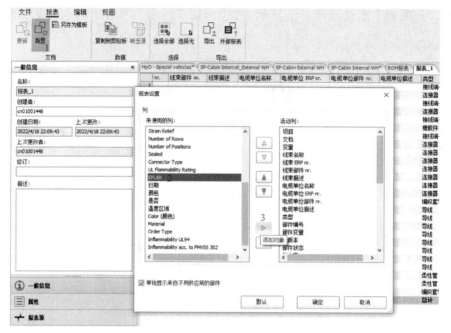

图 11-39　配置报表显示

类型	部件编号	EPLAN	数量	长度	部件变
橡胶件	GUM.1101		2		
柔性管	NW 14		1	1136 mm	
柔性管	NW 10		1	1152 mm	
连接器	TE.925276-0		1		
连接器	MIU.X1-0002-0800		1		
连接器	AMP.C360G01241E1Z		1		
连接器	TE.710030-3		1		
连接器	TE.735075-0	EPLAN China	10		1
连接器	TE.929504-5		1		
连接器	KLA.3725		2		
连接器	TE.180900-0		1		
连接器	TE.165536-2		5		

图 11-40　报表中显示部件的用户自定义属性值

11.3　3D 布局相关

11.3.1　批量替换部件

1）在项目中打开需更换部件的工作区。

2）切换到【全局搜索】面板，选择【部件编号】并输入需要被替换的部件编号，单击▶按钮进行搜索。在搜索结果中选中所有符合条件的对象，右击，在弹出的快捷菜单中选择【更换】命令，如图 11-41 所示。

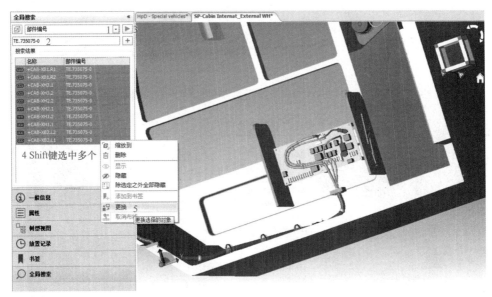

图 11-41 搜索部件并使用【更换】命令

3）在弹出的【部件浏览器】窗口中选择需要替换的部件，单击【确定】按钮，原部件将被替换为新部件，如图 11-42 所示。

图 11-42 选择需要替换的部件

4）在【属性】栏中选中【在物料清单中】复选框，以确保新部件会被统计在线束物料清单中，如图 11-43 所示。

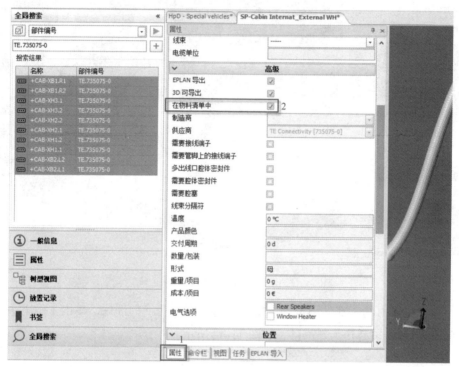

图 11-43　选中【在物料清单中】复选框

提示：

取消选中【在物料清单中】复选框也适用于批量操作某一部件，使其在线束物料清单中不被统计。

11.3.2　工作区树形视图配置显示

在 EPLAN Harness proD Studio 中进行 3D 布局时，如果能在【树型视图】面板中看到连接物的功能描述，如图 11-44 所示，便能更清楚地知晓该设备的作用，以实现更高效的 3D 布局。

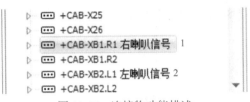

图 11-44　连接物功能描述

1）在应用设置编辑器界面中，选择【工作区】节点下的【树型视图项目名称模板】子节点，然后单击右侧【添加模板】按钮，在【选择类型】下拉列表中选择【连接物】，如图 11-45 所示。

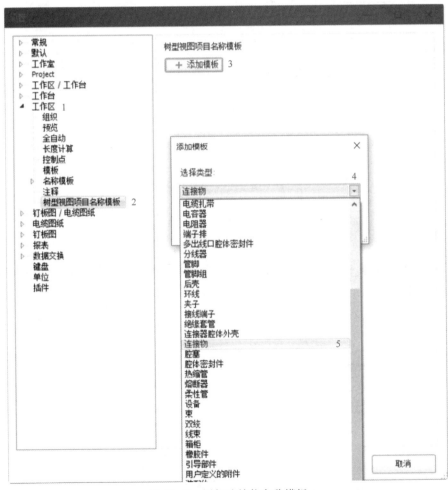

图 11-45　添加连接物名称模板

2）在【连接物】配置框中单击 ▼ 按钮，选择【添加属性】命令，如图 11-46 所示。

图 11-46 选择【添加属性】

3）在【公式编辑器】对话框中添加【完整 P8 设备标识符】属性，如图 11-47 所示。

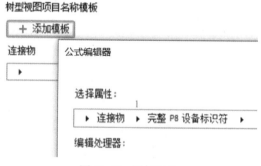

图 11-47 添加属性

4）在【完整 P8 设备标识符】属性下选择【添加分隔符】命令，并在弹出的【添加分隔符】对话框中输入空格，然后单击【确定】按钮，如图 11-48 所示。

图 11-48 添加分隔符

5）继续添加【P8 功能文本】属性，并设置为【文字】，如图 11-49 所示。

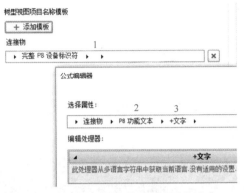

图 11-49　添加属性并设置为【文字】

6）依次单击【确定】按钮，直到回到工作区。在【树形视图】面板中的【连接物】节点下将显示连接物的 P8 功能文本，如图 11-50 所示。

图 11-50　连接物显示功能文本

 提示：

　　要在 EPLAN Harness proD Studio 中显示 P8 功能文本，首先需要在 P8 中为连接物的插头定义中的【功能文本】栏输入文本，并且工作区导入的是 EPLAN 平台数据。

　　添加属性时，可以选择其他属性，这取决于用户的设计构思。

　　对于其他类型的部件，操作方式是相同的。

11.4 路径规划相关

11.4.1 批量创建束

在电力行业盘柜制造企业中，一般对线束的导线接线安装有着明确的工艺要求，如导线弯曲的样式，如图 11-51 所示。

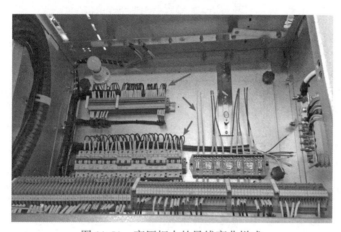

图 11-51 高压柜中的导线弯曲样式

为了保证实现导线弯曲样式的工艺要求，生产工人在下线时只能尽量将导线的下线长度预留更多的裕量，这样就导致在生产现场存在大量的导线浪费情况，如图 11-52 所示。

图 11-52 预留过多裕量导致的导线浪费

　　针对这种情况，可以通过 EPLAN Harness proD Studio 实现导线弯曲样式工艺的数字化设计，并结合软件批量创建束的功能保证同一排设备的弯曲样式的一致性，同时可以提高路径规划设计效率。

　　1）在 EPLAN Harness proD Studio 中规划好第一个束的弯曲样式，如图 11-53 所示。

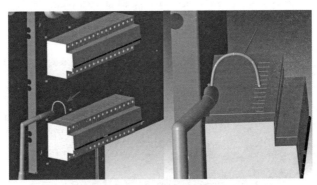

图 11-53　规划束的弯曲样式

　　2）在工作窗口中选中束的一个控制点，然后在右侧【属性】栏中获取该控制点的坐标信息，并输入 Excel 文件中，如图 11-54 所示。

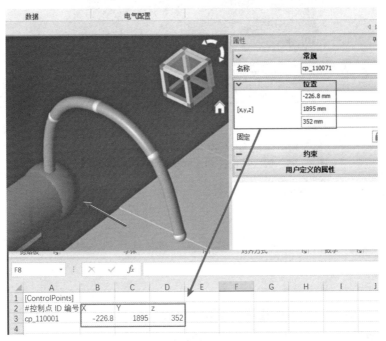

图 11-54　将控制点的坐标信息输入 Excel 文件中

提示:

　　控制点定义: 每个控制点必须已定义了其名称及其 XYZ 坐标。此部分必须以【ControlPoints】标签作为前缀输入数据。

　　3) 以同样的方式, 将该束的其他四个控制点坐标信息都输入 Excel 文件中, 如图 11-55 所示。

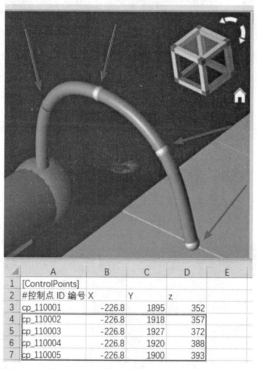

	A	B	C	D	E
1	[ControlPoints]				
2	#控制点 ID 编号	X	Y	z	
3	cp_110001	-226.8	1895	352	
4	cp_110002	-226.8	1918	357	
5	cp_110003	-226.8	1927	372	
6	cp_110004	-226.8	1920	388	
7	cp_110005	-226.8	1900	393	

图 11-55　输入其他控制点的坐标信息到 Excel 文件中

 提示:

　　控制点 ID 顺序编号即可。为了与手动创建控制点 ID 区分开, 建议数字起始值为 6 位数以上。

　　4) 在工作窗口中获取连接物相对的位置关系, 如沿 X 轴, 间距 18mm, 如图 11-56 所示。

5）在 Excel 表中，利用公式直接得到下一个束的控制点坐标数值，如图 11-57 所示。

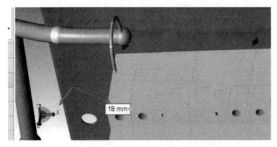

图 11-56　获取连接物相对的位置关系

	A	B	C	D
	[ControlPoints]			
	#控制点 ID 编号 X	Y	z	
	cp_110001	-226.8	1895	352
	cp_110002	-226.8	1918	357
	cp_110003	-226.8	1927	372
	cp_110004	-226.8	1920	388
	cp_110005	-226.8	1900	393
		=B3+18	1895	352

图 11-57　利用公式自动获取坐标数值

6）完善 Excel 表中控制点的坐标数值，如图 11-58 所示。

	[ControlPoints]				
1	[ControlPoints]				
2	#控制点 ID 编号 X	Y	z		
3	cp_110001	-226.8	1895	352	
4	cp_110002	-226.8	1918	357	
5	cp_110003	-226.8	1927	372	束1
6	cp_110004	-226.8	1920	388	
7	cp_110005	-226.8	1900	393	
8	cp_110006	-208.8	1895	352	
9	cp_110007	-208.8	1918	357	
10	cp_110008	-208.8	1927	372	束2
11	cp_110009	-208.8	1920	388	
12	cp_110010	-208.8	1900	393	
13	cp_110011	-190.8	1895	352	
14	cp_110012	-190.8	1918	357	
15	cp_110013	-190.8	1927	372	束3
16	cp_110014	-190.8	1920	388	
17	cp_110015	-190.8	1900	393	
18	cp_110016	-172.8	1895	352	
19	cp_110017	-172.8	1918	357	
20	cp_110018	-172.8	1927	372	束4
21	cp_110019	-172.8	1920	388	
22	cp_110020	-172.8	1900	393	
23	cp_110021	-154.8	1895	352	
24	cp_110022	-154.8	1918	357	
25	cp_110023	-154.8	1927	372	束5
26	cp_110024	-154.8	1920	388	
27	cp_110025	-154.8	1900	393	
28	cp_110026	-136.8	1895	352	
29	cp_110027	-136.8	1918	357	

图 11-58　完善控制点的坐标数值

7）在 Excel 表中进行束定义，即一个束是由哪些控制点构成的，如图 11-59 所示，将文件另存为 CSV UTF-8 格式文件。

	A	B	C	D	E	F	G
76	cp_110074	25.2	1920	388			
77	cp_110075	25.2	1900	393			
78	[Bundles]						
79	#束 ID 编号	颜色	束控制点				
80	b_110001		cp_110001	cp_110002	cp_110003	cp_110004	cp_110005
81	b_110002		cp_110006	cp_110007	cp_110008	cp_110009	cp_110010
82	b_110003		cp_110011	cp_110012	cp_110013	cp_110014	cp_110015
83	b_110004		cp_110016	cp_110017	cp_110018	cp_110019	cp_110020
84	b_110005		cp_110021	cp_110022	cp_110023	cp_110024	cp_110025
85	b_110006		cp_110026	cp_110027	cp_110028	cp_110029	cp_110030
86	b_110007		cp_110031	cp_110032	cp_110033	cp_110034	cp_110035
87	b_110008		cp_110036	cp_110037	cp_110038	cp_110039	cp_110040
88	b_110009		cp_110041	cp_110042	cp_110043	cp_110044	cp_110045
89	b_110010		cp_110046	cp_110047	cp_110048	cp_110049	cp_110050
90	b_110011		cp_110051	cp_110052	cp_110053	cp_110054	cp_110055
91	b_110012		cp_110056	cp_110057	cp_110058	cp_110059	cp_110060
92	b_110013		cp_110061	cp_110062	cp_110063	cp_110064	cp_110065
93	b_110014		cp_110066	cp_110067	cp_110068	cp_110069	cp_110070
94	b_110015		cp_110071	cp_110072	cp_110073	cp_110074	cp_110075
95	b_110016		cp_110001	cp_110006			
96	b_110017		cp_110006	cp_110011			
97	b_110018		cp_110011	cp_110016			
98	b_110019		cp_110016	cp_110021			
99	b_110020		cp_110021	cp_110026			
100	b_110021		cp_110026	cp_110031			
101	b_110022		cp_110031	cp_110036			
102	b_110023		cp_110036	cp_110041			
103	b_110024		cp_110041	cp_110046			
104	b_110025		cp_110046	cp_110051			
105	b_110026		cp_110051	cp_110056			
106	b_110027		cp_110056	cp_110061			
107	b_110028		cp_110061	cp_110066			
108	b_110029		cp_110066	cp_110071			

5个控制点构成一个束

两个束共用一个控制点，即X方向相连

图 11-59　束定义

提示：

　　对于每个束，需要定义其名称、颜色以及束必须通过的控制点。此部分必须以【Bundles】标签作为前缀。

　　8）单击【工作区】选项卡中的【束】按钮，并选择保存的 CSV 文件，如图 11-60 所示。

图 11-60　添加束信息

9）束导入结果如图 11-61 所示。

图 11-61 束导入结果

> 💡 提示：
>
>   导入束的数据选择、列映射操作，与连接物名称的导入、导线的导入
> 时的数据选择、列映射操作相同，请查看 5.2.6 小节"放置连接物"或 6.2.1
> 小节"放置导线"。

11.4.2 批量隐藏束的控制点和端点

在工作区中，由于束中的控制点和端点很多，会导致线束整体看上去不够
美观，如图 11-62 所示。可以通过批量隐藏的方式实现更美观的路径设计。

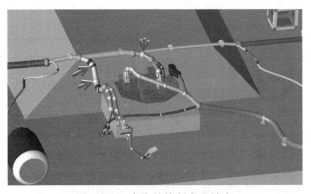

图 11-62 束中的控制点和端点

取消激活【视图】选项卡中的【显示控制点】按钮，即可隐藏束上的控制点，如图 11-63 所示。

图 11-63　取消激活【显示控制点】按钮

导航面板中切换到【全局搜索】，按照图 11-64 所示步骤操作搜索出所有终端点。

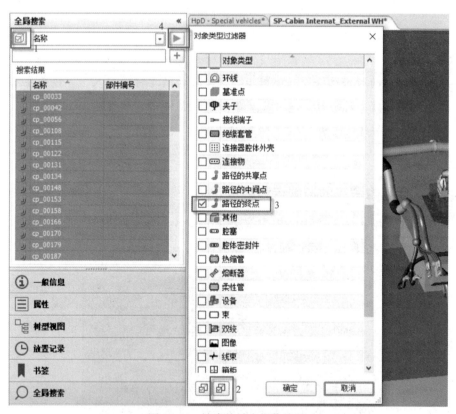

图 11-64　搜索终端点操作步骤

搜索完成后，在搜索结果中即可看到所有的终端点。选中所有终端点，右击，在弹出的快捷菜单中选择【隐藏】命令，如图 11-65 所示。

图 11-65　隐藏所有终端点

隐藏控制点和端点后，路径最终效果如图 11-66 所示。

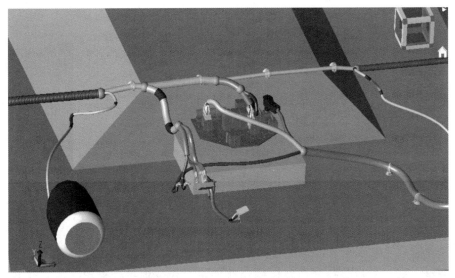

图 11-66　路径最终效果

11.5.1　导线接线端子双压解决方案

EPLAN Harness proD Studio 提供的【自动放置附加零件】功能，可以根据连接物管脚所连接的导线截面积和外径大小自动为导线添加接线端子，其前提是连接物设置了接线端子。而在设计过程中会经常出现同一个管脚连接两根导线的情况，如图 11-67 所示。

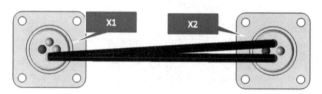

图 11-67　同一个管脚连接两根导线

这种情况下，导线与接线端子的压接方式分为以下两种：

第一种：两根导线同时压接在同一个接线端子上，并与管脚相连，如图 11-68 所示。

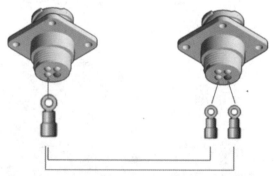

图 11-68　两根导线同时压接在同一个接线端子上

第二种：每根导线都单独压接接线端子，并分别与管脚相连，如图 11-69 所示。

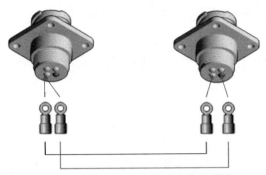

图 11-69　每根导线分别压接接线端子

在 EPLAN Harness proD Studio 中，如何针对这两种不同的方式，通过【自动放置附加零件】功能实现接线端子的自动放置？

第一种：两根导线同时压接在同一个接线端子上。

1）在导航面板中选中需要连接两根导线的管脚，然后在右侧【属性】栏中选中该管脚的【多接线端子】复选框，如图 11-70 所示。

图 11-70　选中【多接线端子】复选框

2）执行【自动放置附加零件】命令，选中【接线端子】复选框，然后单击【开始】按钮即可。无论是否选中【对多个导线强制使用一个接线端子】复选框，都不影响为两根导线添加同一接线端子，如图 11-71 所示。

图 11-71　为两根导线添加同一接线端子

第二种场景：每根导线都单独压接接线端子。

1）在导航面板中选中需要连接两根导线的管脚，然后在右侧【属性】栏中取消选中该管脚的【多接线端子】复选框，如图 11-72 所示。

2）执行【自动放置附加零件】命令，选中【接线端子】复选框，取消选中【对多个导线强制使用一个接线端子】复选框，然后单击【开始】按钮即可，如图 11-73 所示。

对于一个公司而言，同一个管脚连接两根导线时选择的接线端子压接方式一般是确定的，因此可以通过【应用设置编辑器】设置管脚是否选中【多接线端子】复选框，从而减少人工选中导致的遗漏问题。

图 11-72　取消选中【多接线端子】复选框

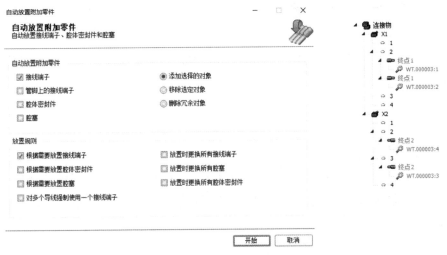

图 11-73　两根导线分别压接不同的接线端子

在【设置】中选择【工作区】节点下的【全自动】子节点，然后在右侧选
择是否选中【需要多个接线端子（默认）】复选框。

如果选中，那么在 EPLAN Harness proD Studio 中，新放置的连接物的管脚
属性中的【多接线端子】复选框将自动被选中，如图 11-74 所示；如果不选中，
那么在 EPLAN Harness proD Studio 中，新放置的连接物的管脚属性中的【多接
线端子】复选框将自动被取消选中。

图 11-74　自动选中新放置连接物的【多接线端子】复选框

提示:

　　该设置只对在 EPLAN Harness proD Studio 中新放置的连接物起作用，对应用设置之前放置的连接物不起作用。

11.5.2　使用分支点进行布线

　　电气控制柜也被称为盘柜，作为现代工业的必备设施，其身影存在于各行各业中。而低压控制柜一般使用线槽作为安装板设备间导线布线的路径，如图 11-75 所示。

图 11-75　低压控制柜中的线槽

　　因此，当使用 EPLAN Harness proD Studio 对低压控制柜进行设计时，为了减少束的创建，同时又要使导线以短的路径到达两端设备的管脚，从而实现在提高布局效率的同时，又保证布线的准确性目标，则需要使用 EPLAN Harness proD Studio 提供的【在自动布线时也使用分支点】功能。

　　1）在路径规划时创建一条模拟线槽功能的束，并在其中添加足够的、合理的控制点，如图 11-76 所示。

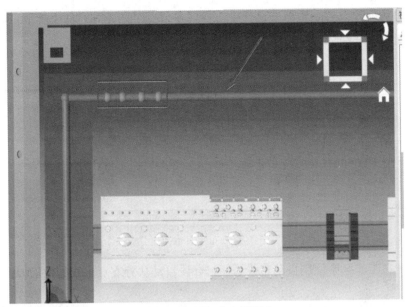

图 11-76　添加束和控制点

 提示:

　　在放置控制点时，使用〈Space〉键可以提高控制点的放置效率。

　　2）选中控制点，右击，在弹出的快捷菜单中选择【拆分束】命令，使其成为分支点，如图 11-77 所示。

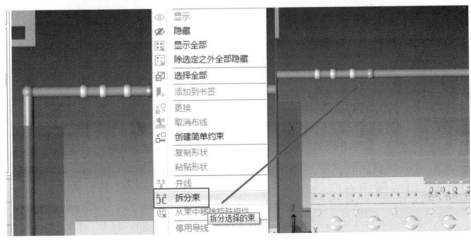

图 11-77　拆分束，使控制点成为分支点

3）在应用设置编辑器中选择【工作区】节点下的【全自动】子节点，并选中【在自动布线时也使用分支点】复选框，如图 11-78 所示。

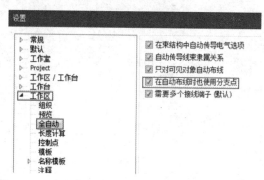

图 11-78　选中【在自动布线时也使用分支点】复选框

4）在工作区中使用自动布线功能，导线自动从分支点出线的效果如图 11-79 所示。

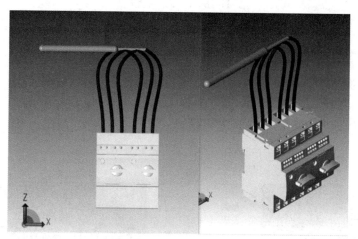

图 11-79　导线自动从分支点出线效果

11.6　钉板图设计相关

11.6.1　钉板图图框应用

线束的制造工艺是一个复杂和严格的过程，而考虑到线束生产既要标准，又要保证质量，还要生产效率高，因此衍生出了线束生产的流水线设备，如图 11-80

所示。每一个工位的工作人员只负责制作线束的一部分，而线束钉板图会定时地自动流向下一个工位，确保每位工作人员的工作内容是简单和重复的，从而降低线束生产技术门槛，提高线束制造熟悉度，降低出错概率。

图 11-80　线束生产的流水线设备

为满足当前线束生产工艺要求，以及线束的多样性、复杂性的需求，对钉板图图框的标准化要求也随之提高。例如，将线束钉板图的图框高度固定（如1000mm），长度可以变化，这样即使线束变化多样，只需要换宽度尺寸更大的图框即可，如图 11-81 所示。这样打印出来的线束钉板图依然可以固定在板上，实现流水线式生产。

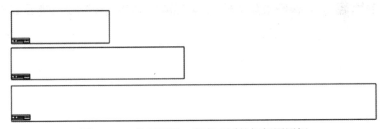

图 11-81　高度相同，宽度不同的钉板图图框

图框尺寸确定后，图框标题内容的显示尤为重要，需要将线束的信息显示在钉板图标题中。通过调用图框属性，自动将线束相关信息填充在图框中。EPLAN Harness proD 的图框存储在库中。

1）在 EPLAN Harness proD Library 打开 Demo 库中的标题【A0 EN ISO 7200】，如图 11-82 所示。

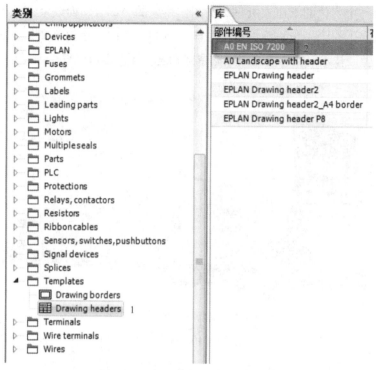

图 11-82　打开【A0 EN ISO 7200】

2）单击【形状】选项卡中的【文字】按钮，将文字放至目标位置，如图 11-83
所示。

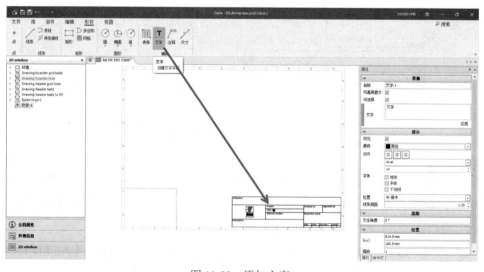

图 11-83　添加文字

3）设置该文字的属性，如图 11-84 所示。

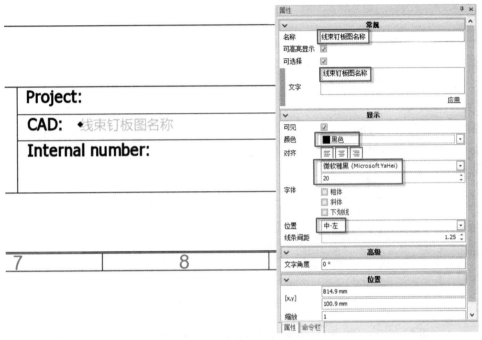

图 11-84　设置文字属性

4）右击文字左侧的灰色长方形，在弹出的快捷菜单中选择【Edit】命令，如图 11-85 所示。

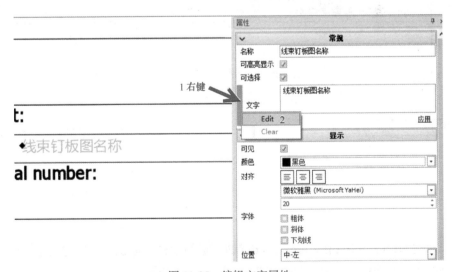

图 11-85　编辑文字属性

5）在【公式编辑器】中选择【图纸】下拉列表中的【名称】属性，如图 11-86 所示。

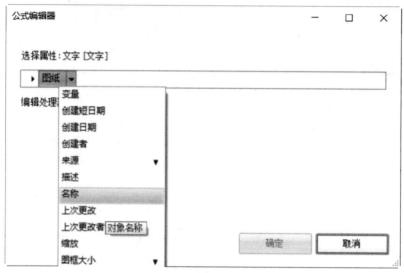

图 11-86 选择对象及属性

6）重复操作，添加【图纸】属性【最后更改的短日期】，如图 11-87 所示。

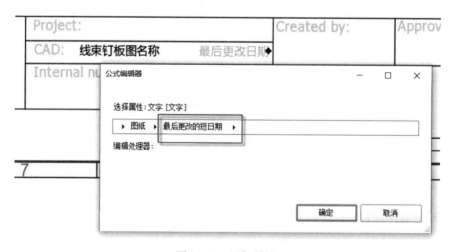

图 11-87 添加属性

7）在 EPLAN Harness proD Studio 的钉板图中放置标题，在标题栏中自动显示钉板图名称和钉板图最后修改日期，如图 11-88 所示。

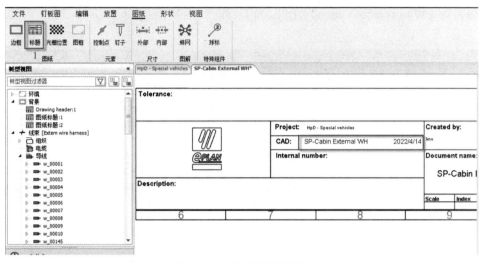

图 11-88　放置标题栏效果

 提示：

电缆图纸图框应用与钉板图图框应用相同。

11.6.2　连接物符号中显示导线符号

在线束制造过程中，工作人员通过钉板图的连接物符号和连接物表格来了解连接器的管脚与所连导线的相关关系，如图 11-89 所示。因此，在钉板图中直接体现连接物的管脚与导线的颜色 / 截面积 / 导线编号关系，对于让工作人员快速了解和准确接线，提升线束制造质量，降低错误率是必不可少的。

考虑到线束钉板图在实际应用中会黑白打印，本节将介绍如何添加【导线编号】属性到连接物符号的管脚上，以供工作人员检查导线与管脚是否对应。

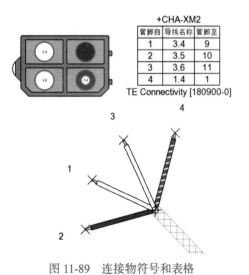

图 11-89　连接物符号和表格

1）在 EPLAN Harness proD Library 中复制符号【Wire symbol（round）】，重

命名为【Wire symbol（round）EPLAN 】，如图 11-90 所示。

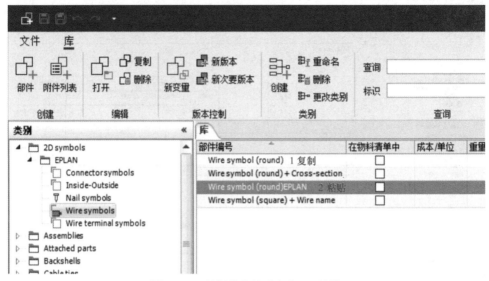

图 11-90　复制粘贴并重命名 2D 符号

2）打开 2D 符号，添加文字，并根据需要修改其属性，如图 11-91 所示。

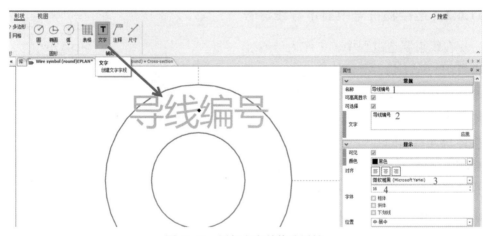

图 11-91　添加文字并修改属性

3）在文字的属性【文字】中，右击其左侧的灰色长方形，在弹出的快捷菜单中选择【Edit】命令，如图 11-92 所示。

4）在【公式编辑器】中添加【导线】的【名称】属性，如图 11-93 所示。

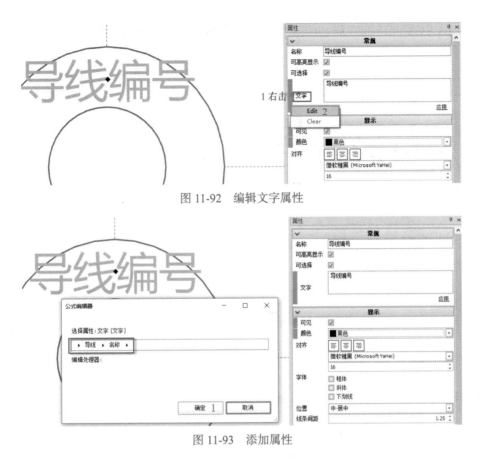

图 11-92　编辑文字属性

图 11-93　添加属性

5）编辑文字属性的颜色，避免当导线颜色与导线名称字体颜色相同时而不能显示，操作步骤如图 11-94 所示。

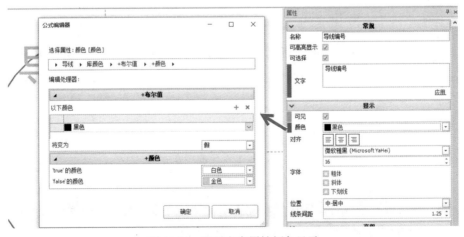

图 11-94　配置文字属性颜色显示

6）按照同样的方法，添加【截面积】属性，如图 11-95 所示，保存该 2D 符号。

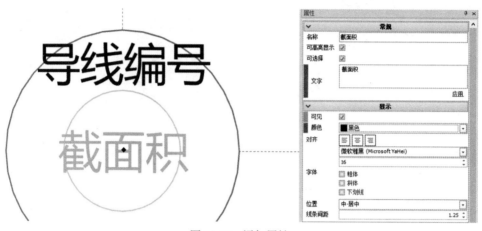

图 11-95   添加属性

7）在 EPLAN Harness proD Studio 中打开钉板图，并在【钉板图显示配置集编辑器】中配置导线符号显示，如图 11-96 所示。

图 11-96   配置导线符号显示

8）在钉板图中执行【应用显示配置】命令，连接物符号中的导线符号在钉板图的显示如图 11-97 所示。

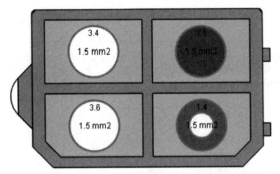

图 11-97　连接物符号中的导线符号显示效果

如果添加导线符号后，由于连接物符号过小而导致看不清线号或截面积，可以在钉板图批量地成比例放大连接物符号。

1）通过【全局搜索】界面搜索出所有连接物符号，操作步骤如图 11-98 所示。

图 11-98　搜索连接物符号

2）选择所有搜索结果，在右侧【属性】栏中更改【缩放】文本框中的值，可以实现快速批量修改连接物符号大小，如图 11-99 所示。

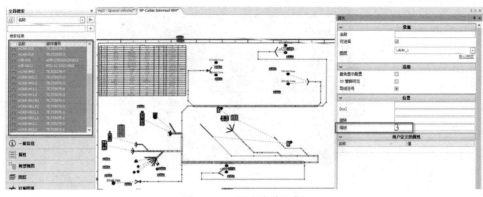

图 11-99　更改缩放比例

>
>
> **提示**：
>
> 在电缆图纸中也可以实现相同操作。

11.6.3　添加技术说明注解

在线束制造过程中，通常需要在钉板图中注明特殊的技术要求，如图 11-100 所示，以便告知生产人员工艺标准，因此需要在钉板图中使用技术说明文本。而对于主机厂，大多数工艺要求是通用的，因此可以把工艺要求做成技术要求模板，然后根据当前线束工艺的特殊性选择具体适用的技术要求，而不用工程师每次逐条手动输入技术要求，避免人工出错的可能性。

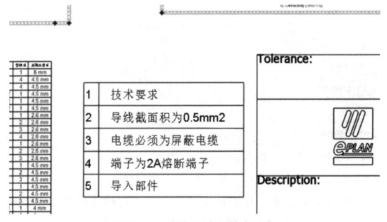

图 11-100　钉板图中的技术要求

1）新建并打开 .txt 文件后，输入技术要求内容，并使用":"作为分隔符，如图 11-101 所示。

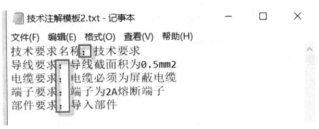

图 11-101　新建 .txt 文件并输入技术要求内容

2）将文件另存为 UTF-8 编码标准的 .txt 文本，如图 11-102 所示。

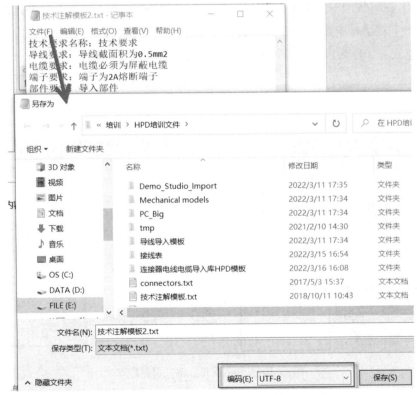

图 11-102　另存为 UTF-8 编码标准的 .txt 文本

3）在 EPLAN Harness proD Studio 应用设置编辑器中，选择【钉板图 / 电缆图纸】节点，然后在右侧【图纸注解文件】栏中添加刚才保存的 .txt 文本文件，如图 11-103 所示。

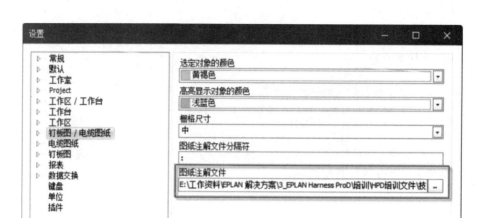

图 11-103　图纸注解文件关联 .txt 文本

4）在钉板图中单击【放置】选项卡中的【图纸注解】按钮，在弹出的【插入注解】对话框中选中需要插入的内容，插入后可以在其属性中设置为需要的显示格式，如作为表格并显示编号等，如图 11-104 所示。

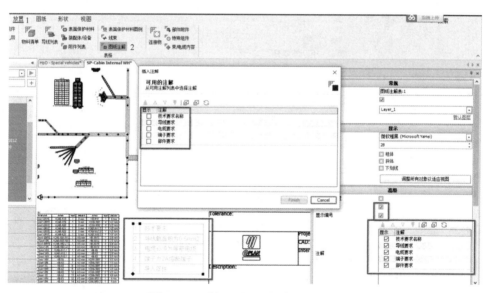

图 11-104　插入图纸注解并设置格式

 提示：

在电缆图纸中也可以通过插入【图纸注解】的方式来添加技术要求。

11.6.4　钉板图版本差异比较

在样机试制过程中变更会频繁发生，与此同时线束的设计也会随之变更。如果样机线束在试制过程中或试制完成后出现变更，工作人员则需要变更清单。

EPLAN Harness proD Studio 可以比较同一线束生成的不同钉板图的内容，并输出差异清单，如图 11-105 所示，以便告知工人具体做出哪些变更和修改。

名称		更改	SP-Cabin Internal WH[1.0] 值	当前值
+CAB-XB2.L1	添加 / 移除	更 换	TE.735075-0	TE.735075-0
+CAB-XB2.L2	添加 / 移除	更 换	TE.735075-0	TE.735075-0
+CAB-XH1.1	添加 / 移除	更 换	TE.735075-0	TE.735075-0
+CAB-XH1.2	添加 / 移除	更 换	TE.735075-0	TE.735075-0
+CAB-XH2.1	添加 / 移除	更 换	TE.735075-0	TE.735075-0
+CAB-XH2.2	添加 / 移除	更 换	TE.735075-0	TE.735075-0
+CAB-XH3.2	添加 / 移除	更 换	TE.735075-0	TE.735075-0
+CAB-XH3.1	添加 / 移除	更 换	TE.735075-0	TE.735075-0
+CAB-XB1.R2	添加 / 移除	更 换	TE.735075-0	TE.735075-0
+CAB-XB1.R1	添加 / 移除	更 换	TE.735075-0	TE.735075-0
User-defined control point.3	添加 / 移除	已移除		
User-defined control point.2	添加 / 移除	已移除		
User-defined control point.1	添加 / 移除	已移除		
用户定义的控制点.6	添加 / 移除	已添加		
用户定义的控制点.5	添加 / 移除	已添加		
用户定义的控制点.4	添加 / 移除	已添加		
w_00158	添加 / 移除	已移除		
w_00147	添加 / 移除	已移除		
w_00142	添加 / 移除	已移除		
w_00154	添加 / 移除	已移除		

图 11-105　差异清单

1）在 EPLAN Harness proD Studio 中的【项目结构】视图中选择更改后的钉板图，右击，在弹出的快捷菜单中，选择【比较】命令，如图 11-106 所示。

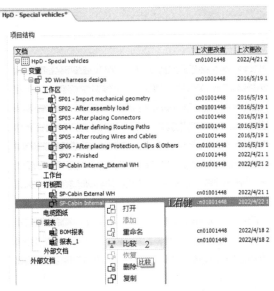

图 11-106　选择【比较】命令

2）在弹出的【比较文档】对话框中选择被比较的文档，可以是同一名称不同版本的钉板图，也可以是同一线束源生成的不同名称的钉板图，然后单击【下一步】按钮，如图 11-107 所示。

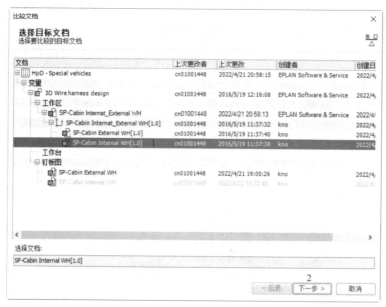

图 11-107　选择目标文档

3）选中要比较的对象，单击【下一步】按钮，如图 11-108 所示。

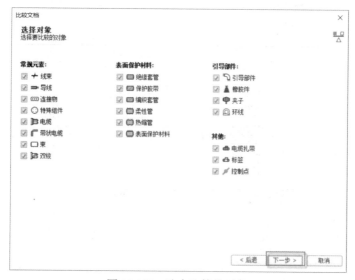

图 11-108　选中比较的对象

4）选中要比较的属性，单击【完成】按钮，如图 11-109 所示。

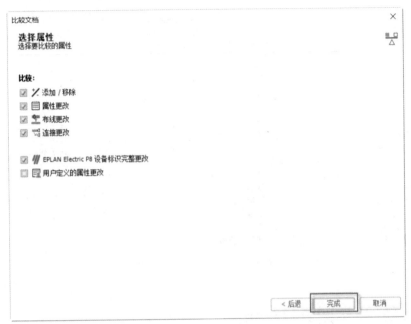

图 11-109 选中比较的属性

5）比较完成后会打开钉板图，并将比较结果列出，单击【导出】按钮，并选择文档类型【MS Excel（*.xlsx）】导出，如图 11-110 所示。

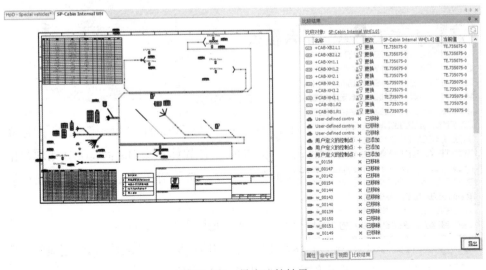

图 11-110 导出比较结果

6）导出的 Excel 文件中会包含所有的变更信息，如图 11-111 所示。

名称		更改	SP-Cabin Internal WH[1.0] 值	当前值
+CAB-XB2.L1	添加 / 移除	更换	TE.735075-0	TE.735075-0
+CAB-XB2.L2	添加 / 移除	更换	TE.735075-0	TE.735075-0
+CAB-XH1.1	添加 / 移除	更换	TE.735075-0	TE.735075-0
+CAB-XH1.2	添加 / 移除	更换	TE.735075-0	TE.735075-0
+CAB-XH2.1	添加 / 移除	更换	TE.735075-0	TE.735075-0
+CAB-XH2.2	添加 / 移除	更换	TE.735075-0	TE.735075-0
+CAB-XH3.2	添加 / 移除	更换	TE.735075-0	TE.735075-0
+CAB-XH3.1	添加 / 移除	更换	TE.735075-0	TE.735075-0
+CAB-XB1.R2	添加 / 移除	更换	TE.735075-0	TE.735075-0
+CAB-XB1.R1	添加 / 移除	更换	TE.735075-0	TE.735075-0
User-defined control point:3	添加 / 移除	已移除		
User-defined control point:2	添加 / 移除	已移除		
User-defined control point:1	添加 / 移除	已移除		
用户定义的控制点:6	添加 / 移除	已添加		
用户定义的控制点:5	添加 / 移除	已添加		
用户定义的控制点:4	添加 / 移除	已添加		
w_00158	添加 / 移除	已移除		

图 11-111　导出的比较结果

11.7　电缆图纸设计相关

关于实现批量生成电缆图纸，请查阅本书提供的视频文件：EPLAN Harness proD 批量生成电缆图纸。该文件在配套的资源压缩包中的存储路径为 EPLAN Harness proD 2023\ 实战宝典视频。

11.8　与 EPLAN 平台相关

11.8.1　与 EPLAN Electric P8 的联合设计

EPLAN Harness proD（以下简称 HpD）与 EPLAN Electric P8（以下简称 P8）作为 EPLAN 同一平台下的不同功能的设计软件，它们之间是如何实现数据交互的呢？本小节将从功能应用的角度出发，简单阐述 HpD 与 P8 联合设计的实现过程及注意事项。

首先，实现 HpD 与 P8 联合设计需要满足以下两个前提条件：

1）两者必须使用同一个 SQL 部件库，并且部件库必须是由 P8 创建的（部件不一定必须通过 P8 进行创建），如图 11-112 所示。

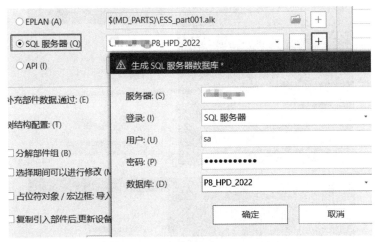

图 11-112　通过 P8 新建 SQL 部件库

2）部件的分类必须满足部件映射对照图（可以通过官方在线帮助查询），如图 11-113 所示。

EPLAN Harness proD 部件	EPLAN 平台
电气组件	**一般产品组 > 产品组 > 产品子组**
连接器	电气工程 > 插头 > 未定义 (默认情况下)
	电气工程 > 插头 > 常规
电缆	电气工程 > 电缆 > 未定义 (默认情况下)
	电气工程 > 电缆 > 常规
带状电缆	电气工程 > 电缆 > 带状电缆
导线	电气工程 > 导线 > 未定义 (默认情况下)
	电气工程 > 导线 > 常规
端子	电气工程 > 端子 > 未定义
	电气工程 > 端子 > 常规
	电气工程 > 端子 > 端子

图 11-113　HpD 与 P8 部件分类映射对照图

注：如果用户使用的是 EPLAN Platform 2022 的 P8 和 HpD，那么需要安装 EPLAN Harness proD 2022 Synchronizer Service Controller 并保持同步器运行，且列表中有需要同步的部件库，如图 11-114 所示。

图 11-114　同步器运行状态及库列表

其次，HpD 可以直接读取 P8 原理图中的部件信息的前提是 HpD 项目关联的活动库，如图 11-115 所示，与 P8 原理图设计时所用的库一致。

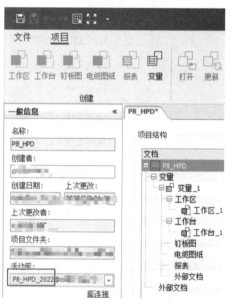

图 11-115　HpD 项目关联的活动库

实 战 宝 典 第 11 章 (415)

关联正确的 SQL 活动库并在工作区导入 3D 模型后，单击【工作区】选项卡中的【从平台导入】按钮，然后选择 P8 项目（.elk），如图 11-116 所示。

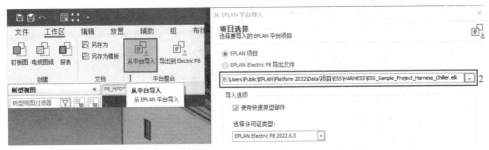

图 11-116　导入 P8 项目

导入 P8 项目后，便可直接在右侧导航器中单击需要放置的设备（支持模糊搜索，快速定位需要放置的设备），如图 11-117 所示。

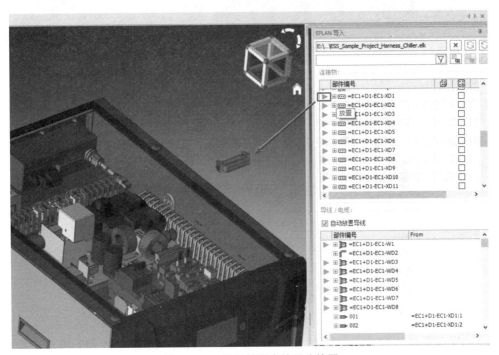

图 11-117　从导航器中放置连接器

选中【自动放置导线】复选框后，当导线或电缆的源和目标设备都放置后，导线或电缆将自动进行放置，如图 11-118 所示。放置后的导线或电缆跟随连接器的移动而移动。

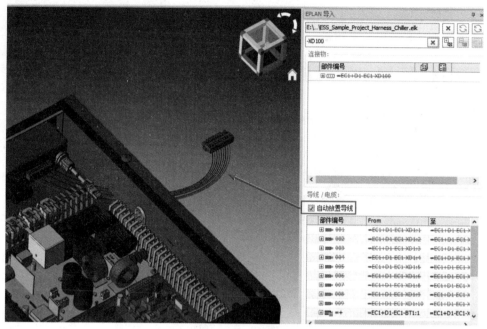

图 11-118   自动放置导线

如果 P8 的原理图有更改，如设备重新选项、功能新增或删除、连接代号重新编号等，可以直接通过面板的【重新加载项目】按钮将原理图的信息同步更新到 HpD 中，如图 11-119 所示。

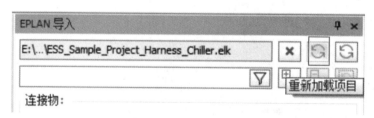

图 11-119   重新加载项目

设备重新选型后，无须将原来的设备关联的部件从工作区中删除再进行重新放置，只需要直接单击 EPLAN 导入面板的【更换】按钮，即可直接实现自动更换，如图 11-120 所示，保证了数据的一致性和时效性。

最后，相比于传统的 HpD 设计方法，HpD 与 P8 的联合设计所带来的收益主要如下：

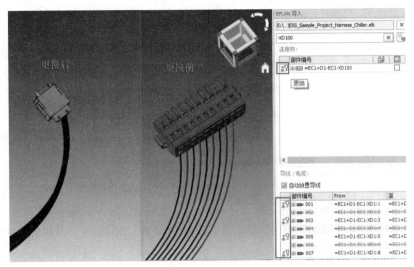

图 11-120 自动更换

1）同一平台数据集成，无须再整理设备清单、连接列表，机电设计效率更高。

2）直接获取原理图数据以及导线自动放置功能让设计人员不再担心漏放、错放等问题，提高了线束设计的准确性。

3）P8 原理图的更新能及时有效地传递给 HpD，提高了设计变更时的数据准确性。

4）一键更换功能让线束设计变更不再有返工浪费问题，极大地提高了原理设计与线束三维设计的协同性。

11.8.2 EPLAN 平台与 EPLAN Harness proD 部件同步

关于如何将部件在 EPLAN 平台与 EPLAN Harness proD 间进行同步，请查阅本书提供的视频文件：EPLAN 平台与 EPLAN Harness proD 部件同步。该文件在配套的资源压缩包中的存储路径为 EPLAN Harness proD 2023\ 实战宝典视频。

该视频主要包含以下内容：

➢ EPLAN Electric P8 端创建 SQL 部件库；

➢ EPLAN Harness proD 端连接 SQL 部件库；

➢ 开启 EPLAN Synchronizer Service Controller 部件同步服务控制器；

➢ 部件双向自动同步；

➢ SQL Management Studio 创建管理员和用户角色，分配权限；

➢ EPLAN Harness proD 2022 新功能帮助一览。

如果读者希望跟着视频同步练习，建议提前做好以下准备工作：

> 数据库：SQL Express 2017 或 SQL Express 2019；
> 数据库管理工具：SQL Server Management Studio 18；
> 数据库管理员账号：sa 用户和密码；
> 软件：EPLAN Electric P8 2022 和 EPLAN Harness proD 2022；
> 服务器系统：Windows Server 2016；
> 客户端系统：Windows 10。

11.8.3　从原理图到三维线束设计全流程

关于如何实现从原理图到三维线束设计全流程，请查阅本书提供的视频文件：从原理图到三维线束设计全流程。该文件在配套的资源压缩包中的存储路径为 EPLAN Harness proD 2023\ 实战宝典视频。

11.8.4　EPLAN 服务图册

EPLAN 服务图册主要用于帮助客户快速找到电气元件在整机结构中的具体安装位置，或线束部件和线束分支在整机结构中的安装位置，如图 11-121 所示。

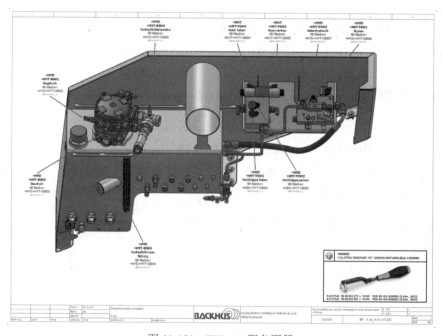

图 11-121　EPLAN 服务图册

EPLAN 服务图册可以方便直观地指导工作人员快速准确地装配电缆和线束，且线束布局图与原理图强关联，可以从线束布局图中单击任一元件，自动跳转至对应元件的原理图位置，帮助售后服务人员快速定位问题并解决问题，且 EPLAN 服务图册不需要任何开发和其他工作量即可实现精准自动跳转。

关于如何设计 EPLAN 服务图册，请查阅本书提供的视频文件：EPLAN 服务图册。该文件在配套的资源压缩包中的存储路径为 EPLAN Harness proD 2023\ 实战宝典视频。

该视频主要包含以下内容：

> EPLAN Harness proD 读入 P8 项目；
> EPLAN Harness proD 三维自动布线；
> 配置树型视图项目名称模板；
> 配置钉板图显示配置编辑器，调用 P8 功能文本；
> 批量修改钉板图连接物符号；
> 设计 EPLAN 服务图册。

11.8.5 线束组件自动脱离线束分配的解决方法

EPLAN Harness proD Studio 工作区在更新或修改来自 EPLAN 平台的数据时，会导致工作区中之前已经分配给线束的对象不再属于任何线束，如图 11-122 所示。

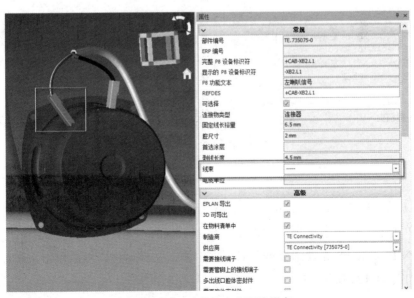

图 11-122 连接物未分配给线束

导致该问题的根本原因是：EPLAN 平台中的数据并未指定给对应的线束，所以当 EPLAN 平台数据作为设计数据源导入 EPLAN Harness proD Studio 中时，对 EPLAN Harness proD Studio 中的对象进行了修改，从而导致其不属于任何线束。因此，建议将 EPLAN Harness proD Studio 中的线束分配信息先导入 EPLAN 平台对应的原理图项目中。

1）在 EPLAN Harness proD Studio 工作区中选中线束对象【属性】中的【EPLAN 导出】复选框，如图 11-123 所示。

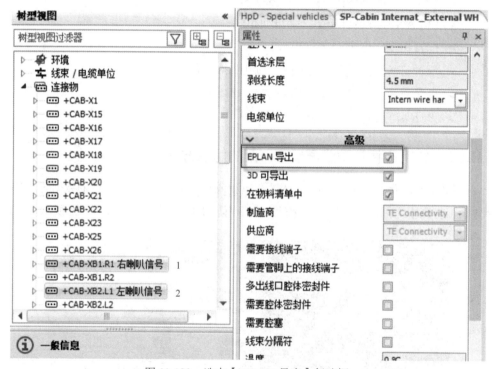

图 11-123   选中【EPLAN 导出】复选框

2）在 EPLAN Harness proD Studio 工作区中先将各线束对象分配给线束，然后单击【工作区】选项卡中的【导出到 Electric P8】按钮，在弹出的【导出 EPLAN Electric P8 原理图数据】对话框中输入文件名称，然后单击【保存】按钮，如图 11-124 所示。

图 11-124　导出 *.hpdex 文件

3）启动 EPLAN Electric P8 并打开对应的原理图项目，在 EPLAN Electric
P8 后台视图中依次选择【导入】【项目数据】【电缆束数据】，如图 11-125 所示。
然后选择保存的 *.hpdex 文件。

图 11-125　导入电缆束数据

4）在【同步电缆束数据】对话框中，EPLAN Electric P8 会自动检测导入的
电缆束数据会对原理图做出修改还是不变，默认都是允许修改，修改的内容主

要是导线长度信息、接线端子等，单击【确定】按钮，如图 11-126 所示。

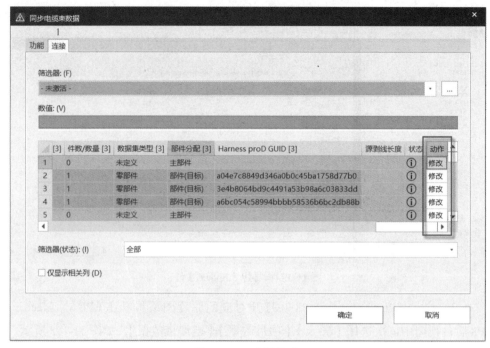

图 11-126　允许修改

5）在原理图中可以看到导入的导线长度信息，如图 11-127 所示。

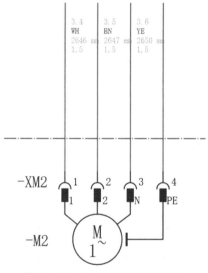

图 11-127　导入的导线长度信息

6）在导线的属性中，属性【<31093>线束组】和【<31143>电缆束名称】已经分配了线束名称，如图11-128所示。

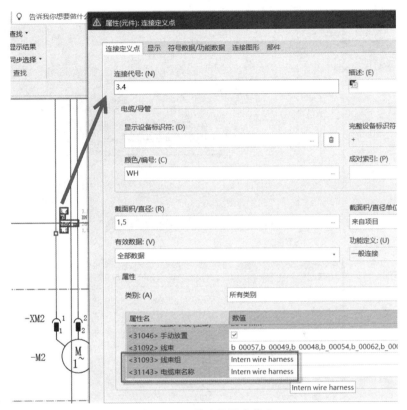

图11-128 导入的线束信息

如果某设备需要在EPLAN Electric P8原理图中使用，但是又不需要在EPLAN Harness proD中进行线束设计，则可以在其属性中选中【<20186>标记为删除】复选框，如图11-129所示。

在EPLAN Harness proD Studio工作区中单击【重新加载项目】↻按钮。项目加载完成后，在【导线/电缆】栏底部选中【<20186>标记为删除】复选框的导线（线号105），其可以被删除，只需单击前面的×按钮即可，如图11-130所示。

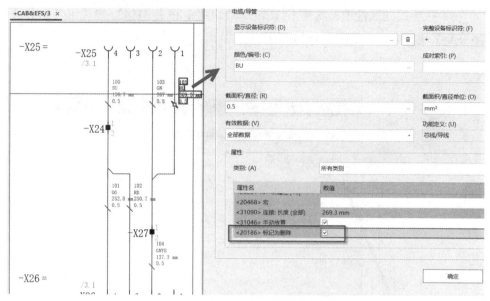

图 11-129　选中【标记为删除】复选框

图 11-130　删除导线

由于 EPLAN Electric P8 原理图中的对象已经包含了正确的线束信息，因此重新加载项目后，EPLAN Harness proD Studio 中的对象也具有正确的线束分配信息，如图 11-131 所示。

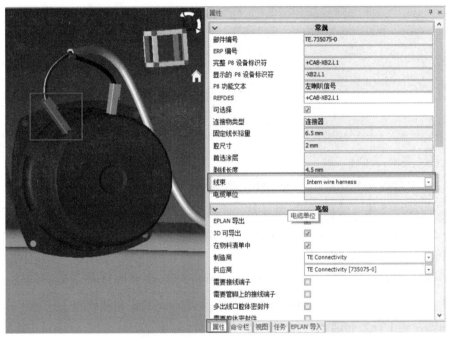

图 11-131 连接物的线束分配信息

11.8.6 焊点并线或分线器工艺设计

在线束制造的工艺中，有一种工艺名为并线工艺，又名焊点工艺、分线器工艺，如图 11-132 所示。其主要在将一根线的信号传递到多根线时或导线延长时使用，需要包裹在线束内部。

本小节以 SP0001 为例，介绍如何在 EPLAN Harness proD 和 EPLAN 平台中处理并线工艺。

1）在 EPLAN Harness proD Library 和 EPLAN Electric P8 部件库中分别新建部件 SP0001，如图 11-133 所示。

图 11-132 并线工艺

图 11-133　新建部件 SP0001

 提示:

分线器在 EPLAN Electric P8 部件库中的一类产品组选择电气工程，产品组选择连接分线器 / 线路连接器，子产品组选择常规或未定义。

该部件在 EPLAN Harness proD Library 中的部件编号与 EPLAN Electric P8 部件库中的部件编号必须相同。

2）在 EPLAN Electric P8 的部件库中，SP0001 的【功能模板】选项卡中的【功能定义】设置如图 11-134 所示。

图 11-134　SP0001 功能定义

3）在 EPLAN Harness proD Library 与 EPLAN Electric P8 部件库中分别设置该部件的连接点代号，如图 11-135 所示。

图 11-135　SP0001 设置管脚连接点代号

4）在 EPLAN Electric P8 中，通过【插入中心】→【设备】将创建的分线器 SP0001 插入多线原理图中，如图 11-136 所示。

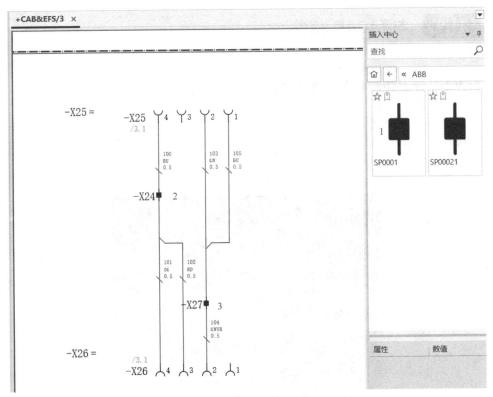

图 11-136　插入 SP0001 到多线原理图中

5）在 EPLAN Harness proD Studio 中导入来自 EPLAN Electric P8 的原理图项目，然后将连接器和分线器放置在工作区中，导线自动连接，效果如图 11-137 所示。

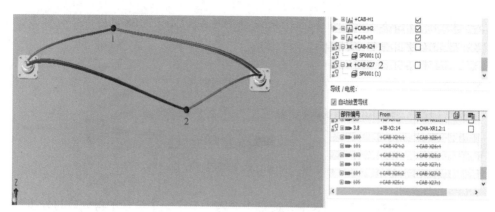

图 11-137　SP0001 在工作区中的效果

11.9　与 MCAD 相关

11.9.1　导出线束模型和整机模型

在 EPLAN Harness proD Studio 工作区完成线束设计后，一般需要导出线束模型，或者整机模型（包含机械结构模型和线束模型）给机械设计软件，如图 11-138 所示，用于下一步的仿真或其他用途等。

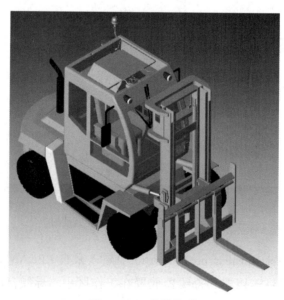

图 11-138　整机模型

如果要导出整机模型，则在应用设置编辑器的【数据交换】节点下的【导出】子节点中，选中【将路径导出为实心对象】复选框（路径，如导线、束等，将作为实体对象导出，减少结构三维软件打开线束模型时对曲面的计算资源，增加打开中间格式，如 *.stp、*.igs、*.x_t 等线束模型的效率和运行流畅度）和【导入的部件】复选框（指的是将导入的结构模型随着线束模型一起导出，其前提条件是导入的结构模型是在本地计算机和本项目设计时导入的。如果将工作区作为备份导入/导出，在其他计算机导入打开，会导致无法导出结构模型，只导出线束模型），如图 11-139 所示。

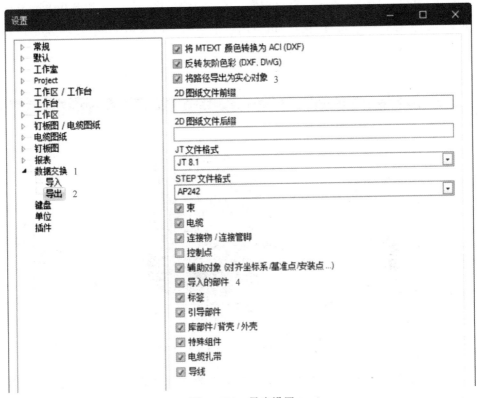

图 11-139　导出设置

11.9.2　EPLAN Harness proD 更新 Creo 机械源文件模型

关于 EPLAN Harness proD 如何实现更新 Creo 机械源文件模型，请查阅本书提供的视频文件：EPLAN Harness proD 与 Creo 三维模型更新。该文件在配套的资源压缩包中的存储路径为 EPLAN Harness proD 2023\实战宝典视频。

11.9.3 EPLAN Harness proD 更新 SolidWorks 机械源文件模型

关于 EPLAN Harness proD 如何实现更新 SolidWorks 机械源文件模型，请查阅本书提供的视频文件：EPLAN Harness proD 与 SolidWorks 三维模型更新。该文件在配套的资源压缩包中的存储路径为 EPLAN Harness proD 2023\ 实战宝典视频。

11.10 与生产相关

在 EPLAN Harness proD Studio 工作区完成线束设计后，可以导出 *.html 网页文件，无须任何软件许可，便可以通过最新的 Microsoft Edge 和 Google 浏览器打开 3D 整机模型，如图 11-140 所示。

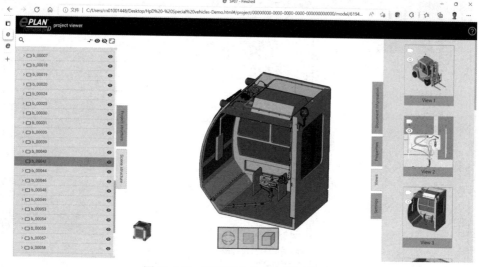

图 11-140　浏览器中的 3D 整机模型

在浏览器中查看 3D 整机模型，可以直观地为工作人员装配线束提供指导。在 *.html 文件中存储了工作区设计时保存的多个视图，可以直接在浏览器中单击视图进行切换，无须任何二次开发。

 提示：

EPLAN Harness proD Studio 导出 *.html 网页文件的功能，目前只支持 EPLAN Harness proD 2022 及以上的订阅版授权。

1) 打开需要导出 *.html 文件的项目，并关闭所有文档，如工作区、工作台、钉板图、电缆图纸、报表等，然后在 EPLAN Harness proD Studio 后台视图中选择【导出】→【Viewer】→【Export to file】，如图 11-141 所示。

图 11-141　导出命令

2) 在弹出的【Export project to HTML file】对话框中单击【导出】按钮，如图 11-142 所示。

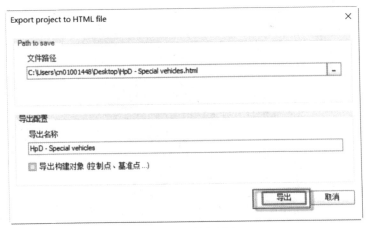

图 11-142　执行导出

3) EPLAN Harness proD Studio 自动将所有的工作区导出到 WebViewer，等待导出完成，如图 11-143 所示。

4) 导出完成后，直接打开导出的 *.html 文件，然后在浏览器中双击要打开的工作区即可，如图 11-144 所示。

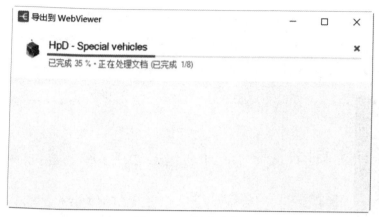

图 11-143　导出进度

图 11-144　双击要打开的工作区

5）工作区打开效果如图 11-145 所示。

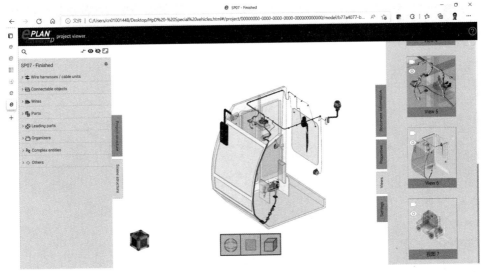

图 11-145　工作区打开效果